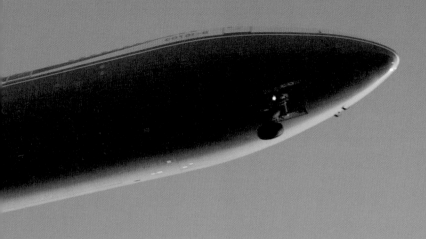

高空三萬呎

The Pilot
I Know:
The Man
in Uniform

我的型男飛行日誌

The
Man
in
Uniform

Preface

穿制服的人

所有

穿制服的

行業裡

機師制服

應該是

最隨手可得的

　　所有穿制服的行業裡，機師制服應該是最隨手
可得的，白襯衫、黑西裝褲和皮鞋，肩膀用簽字筆
畫幾條線，要再加點配件的話，倉庫裡找一只黑色
皮箱，拉一卡在路上走，就已經有八成像了。要再
唬人一點的可以跟火車站站長借頂帽子往上一戴，
完美。制服人人能穿，上面沒有 S，沒有蝙蝠，穿
上後更沒有超能力，卻有一種魔力，一種從腳毛而
上的自信。

　　舊金山是數年前我去學飛的地方。那時我 26
歲，換了份工作，想想什麼樣的工作可以看得更多
而不是辦公室裡的「假白領」，窮小子有著肆無忌
憚的衝動，於是我想到飛行，走上學飛的路。常常
有人問我，什麼是飛行？什麼是成為飛行員的條件，
是年紀？或是學歷背景？需要工作經驗？都是也都
不是。

　　飛行是可以訓練的，在美國考飛行執照和考汽
車駕照一樣，幾乎所有人都可以，只是所花時間長
短的問題。當興趣可以慢慢學，三、四年再領執照，
台灣沒有 general aviation，我們想開飛機，不外乎
是把它當成一個工作職業，而不是單純興趣休閒。
對航空公司也是，這是一種商業行為，航空業繞著
景氣循環，像是 03 年的 SARS，08 年的全球經濟
大地震，航空公司停止擴張，機師招募作業停擺。
這時就算有執照也是無用武之地。航空人員的訓練
成本和養成時間都較其他專業人員高，廣體客機機

長，沒有將近十年經驗登不了大堂。對此，公司自
然設了不少關卡來考驗求職者。真的，說要什麼樣
的條件，一顆靈活的腦袋吧，也就是在高壓的環境
下仍能保持邏輯思考，這時其他知識履歷都只是紙。
而且就算進入公司，每年的兩次例行考試和體檢，
不合格者都有可能再把飛行執照收回，這是一個重
視團隊合作和自我要求的工作，也是高薪背後的代
價，這件制服不好穿。

　　想接受高薪的挑戰，國內有三條路可以成為民
航飛機駕駛，空軍培訓、自訓，以及航空公司培訓，
比例上目前公司培訓占六成，三成自訓和一成空軍
退伍的飛官，按照發展這比例會慢慢調整讓自訓的
人數增加，公司一方面減少初期投資成本，對於養
成時間也相對減少。終究，無論哪一條路，下好離
手，要飛趁早。

Samuele Chen

CONTENTS

目錄

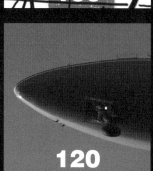

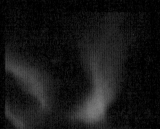

To
Be
A
Pilot

Part 01

飛行員的養成

展開翅膀
Learning to Fly

上天空前
Preparation

　　民用航空其實可以分為兩大塊，除了我們出國搭的商業航空公司，提供定時航點的空中運輸外，還有另一部分稱為通用航空（general aviation）。通用航空涵蓋廣泛，包含滑翔翼、動力傘、固定翼飛機等等。2014 年美國交通部統計各式民用機場包含公開和私人用途的總共有約一萬九千個，擁有基本飛行執照的飛行員有六十萬人，年齡分布最多集中在二十幾歲和五十幾歲兩個區間。在美國，飛行可以不單只是交通工具，可以是工作，可以是娛樂，同時也有各式的飛行運動（Blue Angels, Red Bull Flugtag）。

　　飛行員的基礎訓練，依附在通用航空之下。過程需要訓練場地、飛機、飛行教師教材等硬體軟體，在有近百年的飛行歷史的美國，在離家 1 小時車程裡找到飛行學校、飛行俱樂部可以說是稀鬆平常，如果是美國公民，上網按幾下網頁申請，學費一丟就上天去了。台灣本身沒有通用航空的環境，因為沒有完整相對應的法條，空域地方小以至於沒有相對的市場，雖然台灣東部最近有成立所謂的飛行學校，但大部分想要參加訓練的人多以取得職業商用駕駛為目標，所以同樣是百萬的投資，學習飛行累積飛行時數大多還是要往美國。

　　前面說到除了軍中的職業飛官外，一般大學學歷的人，能走的途徑有兩個，各航空公司的培養訓練，或自費訓練。

　　航空公司培養和自費的差別，考試其實大同小異，英文面試筆試，中文主管面試，和最後的模擬機或者手眼協調評比，差別在於部分考題是針對於有飛行執照，會有一些偏向航空知識的問題。這些東西的準備應該是英語能力最需要長久時間的累積，航空英語不只要聽，也要會看、會寫，更要會說，這是民航的基本語言，要加入猴子國也要先學會猴

子話吧，公司駕駛艙裡有這麼多外籍同事，溝通能力在這樣的工作環境下和飛行能力顯得同等重要。

　　無論是培訓或者自訓，駕照的取得都會經過小飛機學飛這一段路。想要進入航空公司，最穩當的方法還是經由公司培訓，其他不說，光是銀行戶頭數字差兩百萬心情就差很多。但並不是每個人都能在培訓的篩選機制下通過，優秀自訓的飛行員也很多，更何況培訓還有年齡限制的內規，初期門檻是高上許多。培訓的第一個好處是跟著公司的制度學習，知道公司的要求項目和考試方向，回台灣之後公司的位子就在那，穩穩地讀穩穩地飛，還有這麼多同梯在一起打拼。不少打破碗去自費的學生這時候還不知道下個碗在哪裡，飛行之外還得煩惱航空公司現在招人多少啦，哪時候招人啦，招人的制度有沒有改變啦。話說回來上線之後飛行員工作也就是這樣，進了公司之後雖然說是團隊合作，但還是自己的碗自己端，湯灑了沒有人會來幫忙，先熟悉這樣的工作環境也好。

　　同一所飛行學校的培訓學生，分到的資源也較多。這也沒辦法，米就這麼多，航空公司穩定地每年送百名學生到美國，相較於單打獨鬥的自費學生，

當然優先權永遠不在小蝦米上，另外學校可是和公司有簽約，每個學生的進度公司和學校都有追蹤，放水流的自訓生，只能以夾縫中求生存的小草哲學一步一步向太陽長去，再說，航空公司送訓的學校，一般人還不見得可以入學。好啦，再聽下去現在在美國自費的人都要哭了，事情總有兩面，自訓的好處是進度彈性，學習過程有卡關的地方，可以無限復活（前提當然是銀兩要夠），培訓可就沒得談，公發子彈就這麼多，彈夾空了首先公司內部開會，決定去留，這一秒我在美國學飛，下一秒我回台灣謀職的「學飛大怒神」，心臟不強坐不了。

自費學生可以說從選擇學校開始就風險自負。職業教育也是商業行為，金額一大有許多類似的商業糾紛就會出現。一次的訓練費下來少說一兩百萬，有些學校要求分階段付大額的學費，一次四、五十萬地收，有些則是可以每次飛行依次付費，幾年前案例就是把學生們丟進來的大筆學費再去轉投資，搞得血本無歸，學校破產打包。苦的是這些學生從海外來美國，簽證是學校發的，學費也已經繳了，哪來的時間和金錢成本打海外官司？但也別杞人憂天，這只是少數特別案例，點出來只是要大家注意。出國前這些條件可以和學校溝通，但真的要學校為

了單一學生有特別的條款，沒那麼容易，多點耐心和學校交涉。除了學費外更重要的是教學品質，國外的小飛機教練普遍年齡都不高，如果他們知道我們飛完 250 小時回去要飛噴射機時，他們可會羨慕到下巴都掉下來。飛行教練通常都是為了累積飛行時數才會在學校教學，平均學校一個小時約 30 美金的薪水，如果扣掉加州 25% 的州稅其實每小時只有像台灣大學數理家教一樣台幣六、七百，甘願領少少的薪水就只是要累積飛行時數，一旦時數到了他們就去申請大公司飛國內線去，很少人會為了教學熱忱而選擇窩在學校。相較於有制度的飛行學校對教練素質和他們的流動都有管理，當然最後「有管理」的學校反應在成本就是學費相較於其他為高，回到頭，成本都是從自己的口袋出去的。

　　培訓學生簽約時必需要簽下較長的時間，我們管他叫做「賣身契」，以長榮來說，差別是 5 年。贖身費都是百萬起跳，所以望著國外的薪資，加上台灣並沒有加入國際民航組織 (ICAO)，台灣民航局發的飛行證照並不被承認，種種限制下，新聞上說的國外肥約看得到吃不到。看看合約，摸摸口袋，再次出國謀職的還是少數。

要加入
猴子國
也要
先學會
猴子話吧

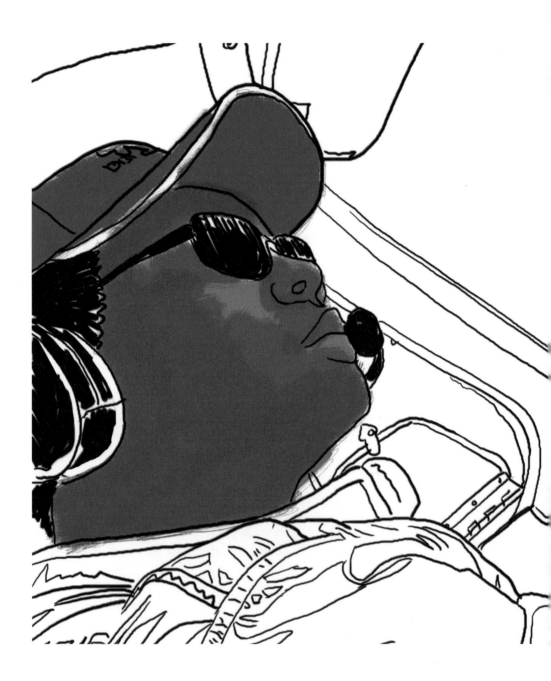

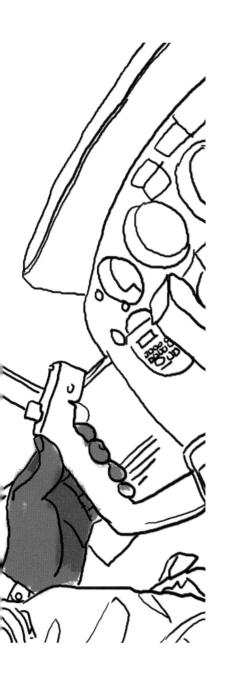

展 開 翅 膀
Learning to Fly

在 哪 自 訓
Training

1 . 2

　　加州是最適合人居住的地方之一，夏天白天平均 20 度，日照長。偶有 11、12 度的冬天日子，白天短袖衣褲，晚上套件薄外套。這裡陽光的迷人之處在於溫暖，雖然紫外線也滿強的，但陽光下站久也不覺得晒。首先準備好飛行員的第一個單品：太陽眼鏡。好的眼鏡完美隱藏殺氣（稚氣），也就是在加州陽光下，戴付墨鏡路上吹著涼風就算不在駕駛艙，心情也帥氣起來。

初級飛行其實很靠天吃飯，天氣好壞代表可學習時間的長短和學習效率，相較於美國中部和東部的雪季和寒冬，代表學生們留在地面上無法上空練習。對於自學的人，最重要就是在順利取得合格證所支出的金錢和時間，待在地面上就像是被禁足一樣，「我想飛」這電影台詞在電影裡大喊一聲教練再給你一次機會，面對外面的烏雲就算叫破喉嚨也不會天晴。

除了加州，選擇學校當然還有其他地方，例如奧勒崗（Oregon），佛羅里達（Florida），甚至南澳（Adelaide）都有人前往，美澳飛行執照有些許不同，且澳洲學校依照規定，基本上18個月的商業駕照學程比美國久，各個學校有不同的優缺，但加州仍是我推薦想往這條路發展的人展開翅膀的地方，除了適飛天氣多外台灣出發航班頻繁，飛行學校選擇也多，註冊在案包含飛行俱樂部性質的學飛地點超過一百多所，同一所學校裡有來自印度、韓國、中國人等不同國籍的飛行學員，更證明這裡是衝上雲霄的好地方。

展開翅膀
Learning to Fly

自訓多少成本
Cost

1.3

　　往往有人抱著充滿憧憬的眼光
問我，這一趟學習要花多少時間？要
準備多少費用？這些量化問題很難具
體，職業技能學習是依照每個人進度
不同一對一教學，由同一教練教導飛
行知識和技巧，加上配合術科進度所
安排的地面學程，每一階段必須通過

考試檢定流程，只有階段性程度達成，才能往下進行。所以就算是同時開始進行訓練，也不一定同時結業。回國求職，拿到航空公司認可的商業飛行執照（commercial license）前有兩個必須階段，一張私人駕駛執照（private pilot license），以及儀器飛行執照（instrument rating）。私人駕駛執照讓持有者可以在非商業行為下做有限制飛行，這是平凡人從無到有的第一對翅膀，從學習、了解飛行環境到熟悉飛機，所需要的時間也最多，一般可能花上四、五個月和一百萬的學費食宿。接下來是儀器飛行，這個檢定的目的，是給飛行員更大權限在不同天氣下學習長途導航，平均需要兩、三個月的時間和大約四十萬的費用。最後引導到雙引擎飛機的商業飛行則是學習時間一至二個月和另一筆

四十萬。這些預估的數字成本只是要讓躍躍欲試的
台灣同學們有初步概念，的確，最終目標是通過公
司考核能進入航空公司受進階噴射機訓練成為民航
飛行員，學校很難評斷好壞，只有適不適合。所以
紮實的學習是和自己比較，面對這筆不小的費用和
時間壓力，飛行路上得失心和挫敗一定有，但還是
要找回平衡，心裡素質訓練也算是飛行員特質中的
一環吧。

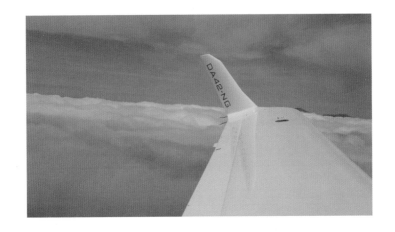

展開翅膀
Learning to Fly

61 vs 141

1.4

　　美國有一套民航法規叫做 Federal
Aviation Regulations，簡稱 FAR。飛
行的人生裡，所有的行為、程序都
是跟著法條，台灣幾乎所有的規定
都從美國的法條延伸，跑道中間的
燈間隔要多遠，飛行員多久要考試
一次，飛機翅膀上要有幾個燈泡等
等。法可以管人，管飛機維修，管
機場設施是大小通包，只差沒有飛
行員的婚姻管理。一開始學飛總是
手忙腳亂，一下子要顧天上的操縱，
有時候頭腦石化了轉都轉不過來，
一下子又要顧地面上厚厚的課本，
裡面有空中氣象、飛行原理、飛機
結構，當教練丟一本像是百科全書
的 FAR 在我桌上時，心裡只有一句：
這，我吞得下去嗎？

　　翻開來從第 1 章到第 198 章，
章章精彩，時差看這最好，入眠保
證。去美國飛行前，有兩個章節其實

可以先看看，當中針對飛行教學有明確規範，PART
61 和 PART 141。為什麼分兩部分？這有點像是台
灣教育的一綱多本，美國的飛行學校教學方法可以
依照 141 也可以依照 61 的學程走，但無論哪一種
方式，最後有相同項目和標準的考試（checkride）。
PART 61 的教學方法比較自由，教練可以依照學生
特性跳著教，所以學生也要跳著回答，喔沒有，只
是在這綱要下教學可以完全依照教練的想法走，沒
有一定要你跟著教練一對一上地面課程，甚至可以
在家自學看錄影帶即可，說到錄影帶，初級飛行員

一定會介紹看那兩位穿深紅色有橘色頭髮的金氏夫
妻教學影片（King Schools），他們也可說是飛行界的偶
像明星了。反觀 PART 141 設計的結構明確，飛行
流程有限制，課程間也安排有階段考試（stage check），
通過往下走，沒過回去重練，地面課程有固定的時
間限制，並且要做紀錄。飛行執照並不分是從哪間
學校，哪個學程出來的，這裡是重點，如果沒有美
國籍從台灣出發的學生只能申請有被 141 認證的學
校，也只有在此架構下的學校才有辦法申請 M-1 的
美國簽證。流程是 PART 141 認證的學校同意入學，

核發 I-20 文件（這是要認原始簽名文件
的，所以需要空運寄來台灣），拿著 I-20
到美國辦事處申請核發 M1 簽證，持 M1
簽證入境美國後，還要去美國的 TSA
（Transportation Security Administration）網站申請，
並且去 TSA 或 NATA 蓋手印，等網路核
發認可學習飛行，學校才可以真的開始
教學（地面課程可以先開始）。這是很
重要的一點，911 之後美國對在美學飛
的外籍學生都加強審核，有些只有 FAR
PART 61 規範的學校在價錢上或許有優
勢，也稱可以有其他方式幫忙申請到簽
證，但對捧著鈔票去台灣的學生這其實
是個很大的風險，畢竟打擦邊球的學校，
學校設備是不是也會遊走邊緣，飛行設
備的維護是飛安的一大重點，海外求學，
是花時間也花錢的過程，還是穩著點好。

飛行設備的維護是飛安的一大重點

展開翅膀　男 vs 女
Learning to Fly　Men vs Women

1.5

說到女性飛行員，不得不提 Amelia Earhart，1897 年，第一位獨自飛越大西洋的女性飛行員，在 1937 年的首次環球飛行時在太平洋失去聯絡。他是一位飛行員、冒險家，也是女權運動的代表。21 世紀的今天，對同樣的職業男女有同樣的能力，從總統、醫師、律師到航空駕駛，男性女性在工作平台上都能一同分享。但還是有很多人問說：我是女生，我可以當飛行員嗎？前面說到，當飛行員的條件是什麼，健康的身體，靈活的腦袋，還有專業工作者最重要的——自信。飛機在緊急情況，對自己有自信能夠做出判斷，安全地落地，面對工作和生活的壓力，也有自信能夠面面俱到。現在家庭煮夫越來越多，愛做菜的男人不少，坐在駕駛艙內

想以天空

為辦公室的

女生

有心

也能做到

的女機長也一直增加。根據美國 FAA 在 2014 公布的
統計數字，59 萬個擁有飛行執照的人中有四萬名女性，
大約在 7%，而實際從事商業飛行的約在 4%。這個數
字說在每 25 次的飛行裡可能有一次坐在前面的是女性
駕駛。在台灣，培訓機師的團體裡，每一梯次幾乎也
會入選女生同學，有越來越多的女孩願意加入飛行團
隊，也有越來越多人追求自己想要成為的角色，男女
站在同一個職業，除了每個月會影響的生理期，和可
能會碰到的生產期，大家的工作表現同等，都有同樣
的發展機會，飛行時數累積到一定程度，知識，技能，
身體狀況允許下同樣會往機長升遷。

　　在舊金山的那年，我第一次深深覺得碰到鐵板，
是遇到一個女性 FAA EXAMINER，加州學生飛行員
多，要安排執照考試 (Checkride) 有時候甚至一個月前安
排，考官還不見得有空，這 L 女士是出名的大刀，但
我偏向虎山行的個性就是直接上了。其他不用說，光
口試還沒上飛機就被叮得滿頭包哭著回來，懷疑自己
到底能不能飛得出來。幾年後這件事仍告訴我飛行只
有超過百分百的準備，才能應付臨場剩下 70% 的表現。
她對我的當頭棒喝和她對飛行的態度，一直到現在都
還影響著我。最後考試結束看著 L 的雙引擎 Seminole
在黃昏緩緩上空（沒錯，她住山上，自己飛飛機通勤），

我心想：What a woman!

民航機女飛行員的角色，比較有包袱的或許是在有家庭後大家對母親身分的期許，這是比較需要突破的束縛，但也只是一個心態上的轉變。就因為飛行員是特殊的工作，家庭成員都要半被迫地一起學習獨立，想想，也許不是壞事。因為生理關係，航空公司對於女性有特別的休假辦法，按照規定公司會有一個月一天，一年總共 30 天的生理（病）假，5 天產檢假，8 週產假，和 2 年的留職育嬰假，這些福利和其他在職場工作的女性是一樣的。

現在飛機駕駛艙，最低的人力配置是兩人，代表需要兩個人的配合才能完整地執行飛行任務，現代的自動化飛行，不是靠蠻力，飛行員在巡航後算是飛機的經理人（manager），自動駕駛在做第一線的操作，我們在後面管理這套系統，女性飛行員的細膩、縝密在自動化世代，反而是優勢。在駕駛艙裡的兩人團隊，就是要互相互補，彼此照應。這是個看班表調整作息的工作，可以容納各種國籍和性別。想以天空為辦公室的女生，有心也能做到。Amelia Earhart 說：

　　「下決心是最難的事情，其他就靠毅力。恐懼是
隻紙老虎，我們可以做所有想做的事情，以行動來改
變和控制人生，而這些過程，則是最好的獎勵。」

The
Airline
Academy

航　　　空
小　學　堂

1

飛行員可能有什麼工作傷害？

　　每個工作都有潛在的工作危險，對於飛行員，除了工作上有不容許出錯的壓力外，可能還有另外三種工作傷害：

1. 久坐

　　待在小小的駕駛艙，駕駛的坐姿基本上都是固定的，能活動的空間，只能屁股左邊移動 3 公分，動動右邊移動 3 公分，這樣說可能太誇張，但正是如此，我們的工作環境，就是一張椅子。不像在辦公室裡的開放空間，可以隨時走動和站立。坐著時對身體的脊椎壓力是躺著的六倍，久坐減少循環容易引起心血管疾病，下半身可能肌肉加速退化，從上到下，頸部腰部臀部和腿都有潛在椎頸突出、腰酸、骨質疏鬆或是靜脈曲張等等風險。跨洋飛行 12 小時，也是要 8、9 個小時待在駕駛上，想要要離開駕駛座，必須大聲清楚地和隔壁說 "YOU HAVE CONTROL." 或者是 "YOU HAVE ATC." 同時也要聽到對方回應同樣句子代表理解和同意。說完到駕駛坐後面的半坪大小空間做點活動，幾分鐘後，

回到原位。上趟廁所可能是這趟飛行走最遠的路，
但要先打電話請空服人員進來才能離開駕駛艙，上
廁所多少會影響空服員機艙服務的工作，所以大家
又很不好意思，飛行真的是可以「坐」很久的工作。

2. 熬夜

　　飛行是穿越時間和空間的交通方式。飛行時間越長，跨過的時區越多，乘客在座位上，可以睡覺、閱讀、看電影來調整時間，飛行員呢，兩眼大大地看著儀表版，長期睡眠不正常可能會造成記憶力退步，腸胃和免疫系統下降，以及心臟病風險增高，這些都是身體裡面重要的系統，飛行工作是最要求一組完美的身體，這樣的工作型態反而背道而馳，所以做這行更要重視規律的運動和調整飲食，來降低這工作的隱藏傷害。

3. 紫外線

　　美麗的天空反而藏著危險的東西，研究指出白天在三萬呎的高度，駕駛座上 56 分鐘等於躺在紫外線床上 20 分鐘。飛機飛的越高臭氧越稀薄紫外線越強，飛在雲中或雲層上因為光的反射反而更增加曝晒的程度。這些對皮膚有直接性的傷害，紫外線兩種之一的長波 UV-A 雖然不會造成直接的「晒傷」但他穿透皮膚和眼睛底層的能力相較於造成紅腫脫皮等晒傷現象的 UV-B 更長，造成飛行員是皮膚和

眼睛方面疾病的高危險群。飛機上有雙層玻璃和遮光簾可以阻擋大部分的紫外光，但屬於較長波段的 UV-A 並不能全面隔離，我們能做的就是戴上深色太陽眼鏡保護眼睛，穿額外長袖衣物被動地減少曝晒時間。對飛行員來說，把身體顧好，才能把工作顧好，藍色的美麗天空很可能藏著不少危險。

大飛機是不是比小飛機安全？

所謂大飛機和小飛機在一般人的想法，可能是噴射飛機和螺旋槳飛機的差異。就結構上，現在載客的多引擎飛機其實都有「噴射」引擎，比方說飛離島的 ATR 機型看起來像是個大型的螺旋槳，但他的槳面還是由後面的噴射系統推動，這和一般運輸工具，比方說汽車的活塞引擎來比較，能提供更多推力和更高程度的穩定性。機體結構在飛機出廠真正載客前，是必須受到許多試飛員的檢驗和美國或歐洲政府機關核可才能正式進行商業行為，這些飛行測試都飛在飛機的極限，而平時載客任務時各項飛行數據一定是在這些數值再加上許多保護措施的

安全範圍內，有可能小飛機更容易受到氣流影響而晃動，感受到亂流，但由於小飛機飛的高度都不高，真正的高空噴射氣流或強的晴空亂流反而是大飛機才會碰到。所以就安全性來說，三排座位和單走道飛機並沒有誰比較安全的分別。以往跨洋大飛機如波音 747 或空中巴士 340 搭載四顆引擎，的確，一架四引擎飛機對於一顆引擎發生問題對它的影響不大，還有三顆維持在運轉，這也是為什麼總統專機通常還是使用四引擎飛機。但因為製造技術和航空環境的發達，四引擎飛機基本上都是在汰舊換新邊緣，保養成本高和高油耗都是業界逐漸淘汰多引擎飛機的原因。飛機製造技術提昇，當代引擎發生異常問題的情況極少，要跨洋飛行，以雙引擎認證數據是要達到千分之 0.02 以下，當雙引擎飛機在任何情況下，任一個引擎都能夠提供足夠的引擎推力讓飛機安全降落，在足夠的高度下飛機可以正常降落，這些都是正常程序，乘客甚至不會感覺到有任何異常。任何一個航空事故都不是單一問題引起，當然也更沒有廣體客機比較安全的說法，對飛行員來說，機種的輪調，國際線和國內線輪替，也是職業生涯正常的累積經驗流程，每一趟飛行，我們都是以輕鬆但專業的態度看待。

打開眼睛 Eyes Wide Open
外國生活都在做什麼 Living in a Foreign Country

2.1

　　小時候喜歡看電影，住在台北的公寓，看著國
外「我家前面有綠地」的電視，幻想美式生活的美
好，加上《美國派》系列青春期內分泌的誘惑，出
國讀書感覺像是在天堂。過著過著，沒想到出國學
飛讓我第一次踏上美國。

　　開始飛行的日子除了跟上進度，克服小飛機暈
機的症頭，那些派對都不知道到哪裡去了。學校這
個名詞在的通用飛行上似乎離想像有點遠，比較像
是補習班一間間隔間的小小自修室。因為都是一對
一進行，這個小空間是飛行前教練拿個白板筆口沫
橫飛，飛行後兩眼睜大 "What were you doing?"
而我腦袋一片空白「剛剛到底我為什麼又沒做好」

的地方。真正學飛的教室是小小的兩人座飛機,真
正的校園是硬梆梆的跑道。

　　通常早晨9點到中午是最適合學生飛行的時
間,溫度上升,晨霧剛散,風小能見度好。中午過
後太陽到頂上,開始刮風,機場附近上的小飛機開
始多了起來,所以相對學生飛行員不會在這時候出
發,除非教練帶著。9點起飛的訓練,差不多7點
半要到學校,每次飛行前都要檢查飛機,檢查飛行
計畫。時間抓得好的,中午上地面課前可以有時間
吃 Subway,不然就只有啃啃美國營養又便宜的微
波食品。小小的飛行學校,一對一的教學教練和飛
機都要登記安排,人少的話十架飛機三十多個學生
使用,人多五、六十個人分。如果今天都額滿,沒
辦法上課那就課本帶著午餐往圖書館一放,從白天

做到晚上，把大學聯考那一套拿到美國去用。雖然
帶了百萬台幣，但都花在飛機油錢上，除了平常日
吃 Costco 外，偶爾找找間平價餐廳是週末的小快
樂，晚上去韓國或印度學生的房間串門子打哈哈兼
做點國際髒話交流，一週很快就過去。這是一個彼
此鼓勵卻又競爭的地方，這個過程國際學生們競爭
學校資源，競爭學習進度，卻又同樣來自異鄉互吐
苦水，分享家鄉菜。窮學生的日子，腦袋冒出未來
開噴射客機帥氣生活的泡泡。

蜘蛛人說過，能力越大，承受的責任越大（With great power comes great responsibility），能夠駕駛飛機飛上天的，不是等閒之輩。不是閒錢太多就是閒不下來，走在台灣路上，要有一種「我有你沒有的」傲骨。這會是一段到一百歲也能講的故事。

打開眼睛　　流浪機師

Eyes Wide Open　　Unemployed Pilot

　　流浪機師，國外說是 jobless 或 unemployed pilot，泛指有商業飛行執照（CPL）拿著 300 小時時數卻無法進入航空公司任職的人（後來也延伸為結束國內合約，離開台灣在國際上工作的飛行員）。在沒有廣大通用航空市場的台灣，出國考照的人回來只有一個目標：航空公司。要進入美國大型公司，先從小公司開始，要開始飛噴射機，先從螺旋槳開始，要累積時數，先從飛行教練做起。台灣幅員小，航空公司就是手指數的這幾間，公司招收自訓飛行員最低時數 300 小時，但在景氣差時就算是 1000 小時的 CPL 也進不了航空公司。台灣沒有環境累積時數，美國沒有工作簽證也沒有辦法留下來當教練，而這個等，可能就是幾個月、半年、1 年。

　　說到流浪機師，其實是很簡單的供需法則。景氣大好，公司需要，今年招 50 個，來報名 100 個，

2·2

二分之一的機率可以上，考核制度可能就沒有這麼
嚴厲。公司飛行員縮編，人力需求沒那麼高，就把
門檻設很高，今年只招收 5 個，來了 100 個，瞬間
錄取率掉到谷底。

　　要看景氣，要看政策，這麼多變因，該如何決
定要不要學飛？

　　航空公司是金流非常大的產業，人力成本在
這個產業別占大部分，一年員工薪水要發幾億的公
司，能夠節省成本就不會增加開支。隨著科技進步，
雖然戰機已經開始無人飛行，至少民航機還必需要
兩個人在前面顧著駕駛艙，飛行員在這市場仍有需
求，但需求多少？新聞上常看到航空公司添購新飛
機，增加新航線，但實際上飛機也有汰舊，航線也
有取消的，雖然說擴張，但還是很保守地進行，但

以目前要航空城沒有，只有房地產重劃區，要跑道
沒有，只有喊著兩岸要多開航線，開放陸客中轉，
制度和硬體還是有很大的進步空間。目前國內龍頭
紛紛添購新機（A350、B777），除了復興的頭版
頭條倒閉外，航空業算是擺脫 08 年經濟衰退的陰
影，持續發展，以每年大約增加 20 架飛機，以人
機比（一架飛機公司該有多少配額飛行員）1：10

來說應該是增加兩百多名飛行員，加上退休的，離開台灣謀職的現役駕駛，似乎缺口很大，但想想，現在美國約有一百人正在為 CPL 執照努力，公司培訓回台灣加上軍中退伍加入民航的空軍教官也是百來人，再加上剩下還有其他早就有駕照正在等招考的人，是否這塊餅還是這麼大塊呢？

其實並不是在說洩氣話，流浪機師的確存在，辛苦取得的 CPL 執照也可能到頭來只是一張畢業證書。而且飛行安全這一塊不會因為需求增加就減低，反而是想來的人多了，標準可以逐年增加，這代表線上飛行員的考試更嚴格，航路訓練的要求會更多，進航空公司的新飛行員門檻可能不只要用跨的，可能還需要攀岩用爬的。21 世紀的我們，並不只和自己競爭，也和國際競爭，知道風險在哪裡，也知道自己要的是什麼之後，還是滿腔的飛行，那就下定決心，付出所有，往上飛吧。

The
Airline
Academy

航　　　空
小　學　堂

2

飛機被閃電擊中還能正常飛行嗎？

夏天是亞洲天氣最不穩定的時候，亂風和雨季常常在機場周邊出現，閃電往往會伴隨雲系出現。這是一種自然的放電現象，幾萬安培的電量在瞬間發生，聽起來非常嚇人。但電的物理現象是找到導電性較高的導體傳導，就飛機駕駛來說，如果意外進入雷雨雲也可能有和閃電接觸的機會，乘客如果這時打開窗戶，可以看到外面的絲絲閃光，雖然飛機內導航、飛機操作、引擎運轉等都是電子設備，飛機如果遭受閃電的正面碰撞，電流會無傷害地經過機身，往機翼上類似避雷針或機尾放電，對機艙內的電子設備，沒有任何影響。但由於和這麼高的能量接觸，接觸點往往會產生高熱，所以一旦飛行員觀察到雷擊的情況，就會在回到地面後登記在維修記錄本上，機務會依照維修手冊以及飛行員的觀察，對特定區塊做額外檢查。

所以說，飛行並不可怕，造成害怕多半是因為報章媒體對知識的誤解。

飛機碰到亂流會影響安全嗎？

　　在每趟飛機的起飛前，我們都會先查看最新天氣資料，其中包含衛星雲圖，顯著天氣圖，其中包括雲團的移動方向，亂流出現的地點，高空噴射氣流的強度和位置等等。不過，雖然有先進的氣象衛星和高空氣象雷達，但所有天氣現象都是動態的，可以提供預測但這些都是針對機率評估。飛行員飛上天空後，只能靠雙眼和機上氣象雷達來偵測飛行路徑上面的天氣障礙，遇到天氣狀況，第一個想辦法繞道，或飛的比雲頂高度更高，但這些並不能全部避免亂流。飛機上的雷達是以偵測前方水氣密度來判斷天氣狀況，在一個晴朗萬里無雲的天空下，亂流還是可能發生，這種亂流稱為晴空亂流（Clear Air Turbulence），主要是飛速或風向的瞬間改變造成的。飛機機體非常強韌，而機翼的設計保有彈性，會隨氣流做上下彎曲，以最新的波音 787 複合材質為例，飛行中最大承載彎曲，也就是翼間向上幅度，可以達到快 8 公尺。在穿越亂流時，飛機姿態會隨著氣流做三度空間的晃動，這是正常情況，飛機不會因

此受損，當然這讓人很不舒服。對於不能預期的晴空亂流，前方的駕駛員能做的不多，只能先打開繫緊安全帶的標示，和儘速做機上廣播提醒後方乘客。飛行員可以安全地將飛機通過亂流，但這時最危險的，是沒有坐在位子上將安全帶繫上的客人，亂流的擺動幅度可大可小，航空歸類上，嚴重的亂流所造成的高度變化甚至可能將人向上騰空，安全帶的重要性絕對不要小看。德國航太中心和其他各國正在研發新的航空雷達以偵測除了水氣變化外「空氣密度的微小變化」來提供前方亂流警告，但這都還在試驗階段。

　　搭乘飛機絕對還是現在最安全的交通工具。

颱風對飛行有什麼影響？

　　起飛和落地是飛行最關鍵的時候，就像前面說得一樣，只要飛機有高度，就有足夠的時間處理問題。夏天是台灣好發颱風的季節，一個月來個兩三個也有。飛行組員沒有颱風假，就算是台北桃園市政府發出停止上班上課的公告，只要機場沒有關場，

公司沒有取消航班，飛機就要依照時間起飛。影響
飛機起降的兩個重要天氣因素，是能見度和風向風
量。颱風過境，風雨一來，水嘩啦嘩啦地灌下來，
駕駛艙也有雨刷，但碰到強烈颱風，刷過後可還是
一片模糊。除非機場配合有先進的導航設備，配合
新型飛機的自動駕駛系統，飛機甚至能在能見度 0
的情況下自動落地，但系統有它的限制，也就是跑
道上的風。飛機是靠著流動的氣流提供升力，氣流

風向的改變會造成飛行路徑改變，甚至瞬間失去升力，其中側向飛行路徑 90 度來向的風，我們稱為「側風」。飛機本身對抗側風的原廠認證能力以波音 777 來說是 30 節，通常颱風帶來的不只是狂暴的陣雨，還有強烈的陣風。所以就算機場和飛機有一身武功，側風超過飛機能力，勉強落地會有衝出跑道的可能性，於此，我們可能會重飛，甚至轉降。

那起飛呢？為什麼天氣不好，有飛機降落，但是沒有飛機起飛？新世代的飛機有各種自動化幫忙飛機降落，但獨獨就沒有自動起飛裝置。起飛可以說是比降落更需要精確控制的時間，載著滿滿的油和滿滿的乘客，最大起飛重量下，飛機引擎使出最大推力，飛機設計上把起飛與否的決定權留給駕駛，全程手動，人類眼睛沒有機器看的精細，所以對起飛對能見度要求比起降落高的多，也就是可能別的飛機可以順利降落，但對於起飛並沒有達到最低起飛標準，這個機場只能進不能出。

類似颱風的空難事件，例如 2014 年的復興澎湖事件，發生在能見度不好，機場導航設備也不完善的離島澎湖，航空公司希望在全時、全天候的環

境下不間斷地營運，所以在颱風過境下仍派遣飛機，讓駕駛員做最後落地與否的判斷。這起事件詳細的飛安報告在網路上都找得到，這是一連串錯誤的決策造成最後生命的損失。與此同時，值得大家思考的是，當科技越先進，讓我們誤以為可以挑戰自然的時候，反而是最危險的時候。

準飛行員
The Last Mile

美國學飛後
Finding Nest

3.1

　　那一刻我拿到 CPL 的時候是在一個山上的機場,在海拔 400 多米的單跑道做了最後一次落地,飛機停好關上引擎,少了螺旋槳刮動空氣的聲音,山上突然安靜得像個荒島。回到辦公室考官和教練給了我一個擁抱和一張正式的紙本執照,美國的一切算是正式結束,突然我有點迷惘卻又興奮,像好不容易打趴了電動的小頭目,開了另外一個通道。而你知道,這才是失業和就業搏鬥的開始,門後面的大魔王不好打,沒有祕技,沒有隊友的存檔,一切回歸到我這個準飛行員到底有沒有料。關

卡要迫近了，盔甲和裝備還不知道要用哪一套。總之車賣了，機票訂了，退掉租的房子，帶著那張 CPL 的紙就回台灣了。

第一件事當然不是打開電腦開始報名考試，跨洋班機都是在早上 5、6 點落地，

先殺去早餐店，吃個兩百塊台幣的燒餅油條，然後心中竊喜怎麼八塊美金都不到還可以這麼美味，還是台灣好。是的，現在各個航空公司的報名幾乎都是網路進行，全年收件。履歷一向是公司對應徵者的第一印象，完整且詳細的呈現是公司看你有沒

有料的開始。寄出後就是準備體檢和台灣民航局換證的考試，因為 class 1 的體檢證有效期限為 1 年，在檢附文件時這是其中項目，話說回來，這體檢可不便宜，又得從口袋掏出十張小朋友（這時心裡會想，拿到工作前早餐不能再吃兩百塊）。民航局的考試需要到位於松山機場的民航局去報名，準備好 Log 本和證照、計算機，因為要把所有飛過的時數做大整理，一年的飛行下來 Log 本的時數其實也很亂，小小的數據分析蠻花時間，夜航、儀器飛行時間全部要分類加總。

　　突然間你會接到航空公司回函的 Email 或電話，依照慣例每一季都會有一班進階飛行班開課，組成就是給從美國回來的培訓學員、軍中退伍的空軍教官，和拿著 CPL 回來的我們。每一班大約 30 人，這是為期又 1 年的學習。接到面試時間後，手邊的事情都可以先放下，以上所說的體檢和台灣轉照都可以和公司協調後上課時間再補。那做什麼呢？找西裝擦皮鞋，國外帶回來的課本再 K 三遍，不知道有沒有用，但沒知識肯定沒用。

準飛行員
The Last Mile

航空公司考試
Almost There

3·2

　　走到這，離進航空公司已經剩下一步之
遙。這和培訓考試其實大同小異，考試內容會
以有基本航空知識的考法進行，首先筆試數理
和英文測驗，選擇題和一些英文翻譯，不太
難，甚至可以說相對還能掌握，台灣人可是很
會考試的，看得懂題目基本上就答得出。在美
國的這一年相信原文書看得沒有比在大學時
少，我覺得在沒有壓力的情況下這個階段是來
交戰友的。考試當天會有其他在不同地方學飛
回來的「同學」，來自不同背景，卻有相同的
起跑點和目標，雖然說是考試，但彼此並不

競爭。我倒覺得那天是交換連絡方式的場合，多認
識其他戰友，交換各個航空公司的考試心得。這條
路上其實是孤獨的，家人不知道你的學習狀況，飛
行外的朋友也只能聚個餐，傳條訊息加油打氣，這
時最接近業界和務實面的就是這群一起考試的朋友
們，這或許是一直到正式結業上線後分不開的連結。

　　筆試後是大魔王們的面試，大約有三、四個人，包括人事長官，線上飛行員等。說真的，小飛機放飛（SOLO）後每一次任務都該是自己的 PIC（機長），就是要自己付全責，面試的戰火不小，考專業知識，臨場反應，甚至用一些尖銳語氣，也考情緒管理。見招拆招，但記得航空業裡誠實為上，不知道想要猜過去，反而會引起更大的負面評分，前面坐著的都是十幾二十年以上的航空公司主管，專業問題就算他本身不是飛行員，幾百場面試下來他說不定可以回答的比線上飛行員好，所以想清楚，再回答。

　　最後的最後，面試完是實際的模擬機測驗，把它想成上千萬的昂貴電動，正式飛行員也用它來做例行考試和訓練，什麼準備方法？香港有開放一般民眾自費模擬機課程來，有些人想過到香港飛一次這樣的模擬機，但實際幫助能有多少沒人知道。公司考官也知道每一個來考試的人都沒有噴射機駕駛經驗，所以並不要求一次到位的技巧，這一關主要也是檢視是否在有限的時間內，接受指令，學習並且展現一定程度的精確性，飛行手感和一個向上的學習曲線表現會受到考官青睞。愉快的心情，和充足的睡眠，坐上駕駛座後，就好好享受吧。（聽說1 個小時模擬機的租借費可是要六萬。）

這條路上
其實
是
孤獨的

The
Airline
Academy

航　　　空
小　學　堂

3

起飛前都在做什麼

飛機不像車子，是引擎一發就走的交通工具，在客人沒上機前，機組人員基本上 1 小時前就已經在飛機裡面待命。首先要先對駕駛艙和客艙裡面做安全檢查，查看上個班次人員或客人是否留下物品，所有找不到主人的物品一概都要清出，讓飛機乾乾淨淨地進行任務。接著機上就會有維修機務人員針對飛機狀況和飛行員簡報，每一架飛機都有自己的專屬記錄本（Maintenance Log Book），上面像是日記一樣寫了這架飛機的大小事，從外觀的導航指示燈泡到飛行的儀表指示，甚至飛行過程中碰到的，比方說閃電鳥擊等等，就要逐一寫在日記上。飛行員和機務人員依照記錄本的內容進行討論，哪些項目必須當場處理，或者哪些項目必須做一些特殊的檢查、額外的飛行程序等，前艙飛行員們會對所有項目逐一檢視後同意簽派機長並在記錄本上落款。這樣這趟飛行的前奏曲才算正式完成，正式接受飛機。之後飛行分工為兩部分，機外檢查和機內的電腦設定。

　　機外檢查是飛行員對飛機的外部做外觀的檢

視，當飛機一落地，機務就會巡視一遍，出發前，地面維修員也會再走一次台步，加上飛行員，這個巡邏最少有三次。有時候外面零下 5 度、10 度下著大雪，或者鋒面過境淋著大雨，披著雨衣擋著風還是要站在機邊一個一個仔細數，比起機艙內的冷暖空調，這可以算是整趟飛行最不舒服的時刻。天冷的話看看有沒有積冰現象，冰的累積厚度超過標準必須做起飛前除冰。是不是所有部件都乾淨無外觀損傷，有疑問必須帶著機務再一次共同會勘，依照維修記錄本上寫的外部缺失同時也逐一對照。

飛機內部呢，同時在進行的是資料的上下傳，公司上傳這次的飛行計畫到機上電腦，長程航線也會同時下載沿路各個飛行高度的風向風量資料，飛機上的導航電腦會依照輸入內容計算出時間、油量、相對最適飛行高度等等，等機外巡視的飛行員回來，機長、副機長會對所有的數字再做一次確認，配合各式檢查表確認所有的項目都被包含並執行。聽起來像是機械式的工作流程，但通常沒那麼順利一個一個就這樣按照 123 下去，通常會有重量改變，油量改變，機場天氣改變，進出場流量限制限時，都會改變準備順序。一直到客人登機坐定，和航管要求後推啟動引擎，這快板的第一樂章才剛熱身完，馬上開始下個主弦。機場管理和飛機的移動是全時動態的，跑道數據、使用的滑行道，都會隨時因為現場狀況而改變，常常也會接受到意外的指令，而這些是不容許有差錯的。這時越是氣定神閒的飛行員越顯得專業，當客人在後面翹腳看報紙，或是在椅子上打盹時，翻雲覆雨的前艙正三頭六臂地把飛機滑上跑道，從到公司報到兩個多小時後，終於，油門一推，飛機離地了。

飛機上的鑰匙都收在哪裡

到底每趟飛行的鑰匙都交給誰保管呢？肯定是機長，這麼重要的東西，給資深的人拿好了，但是，如果他忘記帶出門，或者路上搞丟了，豈不是全飛機的人都要等？我小時候在想這件事情，也在想這鑰匙必定特殊，起碼要像古墓奇兵（Tomb Raider）裡面一樣，有複雜的幾何圖形對應鎖孔，酷一點也可以有閃電霹靂車阿斯拉（ASURADA）裡的瞳孔辨識吧。

四人座通用航空的小飛機的確有鑰匙，鑰匙可以開門，駕駛座也有鑰匙孔，往右轉答答答點火引擎才發動。長得沒什麼特別，和一般家用鑰匙一樣，拿去給騎樓下面的鎖匠打一把說不定只要 30 元，和進口車的高科技晶片密碼鑰匙相比，套句 3C 迷用語：陽春感強烈。

商業用的客機是另一回事，是真正的 keyless 系統，因為他根本沒有鑰匙。飛機門在正常情況下沒有「上鎖」，受過訓練知道程序就能從外面開門。駕駛艙門則是另外一個故事。從前後艙空服人員有知道一組數字密碼，為防止從裡面反鎖，可以從外面用密碼打開駕駛艙門，經過 911 攻擊事件

後，為防止再有暴徒進入駕駛艙，依照美國 FAA
規定，駕駛門都做了加強，有多強？手槍子彈和手
榴彈都打不穿的強。但就算輸入密碼也可以被坐在
機艙內的駕駛強制取消，所以才發生德國之翼航空
(Germanwings) 的空難事件。進到駕駛艙，那我們
如何開動引擎呢？大飛機的引擎非常有力，想像把
波音 777 的其中一個引擎放在 1912 年的鐵達尼上，
這台型號 GE90 的噴射引擎可帶動 11 萬 5 千磅的推
力，就已經提供超過這艘重量 5 萬噸大船裝置的 7
米螺旋槳，更何況兩顆引擎同時安裝鐵達尼上，那
不就變成動力快艇。這種大推力的引擎用傳統的打
火系統就像是在颱風天要點根火柴棒，點的不是火，
點的是氣氛。現實生活中大客機上有另外一個小小
裝在機尾的引擎我們稱之為 APU（Auxiliary Power Unit），
在大引擎關上後可以提供整架飛機持續的電力和冷
氣，除此之外，這個縮小版的迷你引擎在掛在翅膀
下面的大引擎要發動時提供其中重要的氣動能量，
它會幫助引擎葉片轉動達到一定轉速後再藉由噴油
到燃燒室點火帶來持續的運轉，而這個流程在駕駛
艙對飛行員來說已經簡化為兩三個按鈕，由電腦自
動完成整個循環。整架長 70 多公尺的飛機上上下
下，已經都看不到鑰匙了。

飛機的哪個位子比較安全

　　當航班選擇確定後，除了艙等的選擇外，選位一直是令人頭疼的事情，坐在逃生出口位子腿部空間稍長，靠近前面的位子下飛機比較快，後面的位子離廁所比較近。那如果考慮到發生事故，哪個位子比較安全呢？這是個毛骨悚然的標題，綜觀航空公司的事故機率是在百萬分之以下，但每個空難歷史資料拉出來，根據當時依照座位表統計，有一連串令人驚訝的數字。美國 FAA 裡面有一個空難資料庫（Aircraft Accident Database），依照過去的十七個事故分析，把飛機分成前中後三大部分，死亡率從後到前是 32%、38% 和 39%。如果再要仔細一點，以左右座位區隔，後方的中間座位為最低 28%，中間靠走道為最高 44%。好吧，這或許是在狹小經濟艙裡的一個幼小心靈慰藉，沒想到這個坐得直挺挺的空間反而是最安全的座位。但其實，每次事故的發生都有不同的原因，這些數字也不見得正確，碰撞的瞬間是機頭或機尾先接觸撞擊面也會有很大的分別，隨著現在的航空飛行器越精密，會發生的問題都是

前所未見。關於這個位子和墜機的相關性，有另一個 2012 年的統技數據，Discovery Channel 做了一個真實撞擊試驗（這種測試歷史上只有兩次，第一次是 1984 由 NASA 主導），一架波音 727 的機艙裡裝上攝影機，在墨西哥沙漠裡人為讓飛機模擬事故，待機上人員降落傘跳脫離飛機後，這架大型客機以遙控的方式墜機，研究結果：頭等艙的客人（飛機上的 dummies 假人）無一生還，而在後方的乘客存活率達 78％！最安全的飛機是沒有意外的飛行，這代表除了訓練有素的機組人員，保養妥當的飛行器外，遵守規定搭乘的乘客（例如把 3C 產品的鋰電池從托運行李拿出），聽從空服人員的指示，這些不但能使每趟旅程更加愉快，也更加安全。

怎麼從飛行員制服分辨機長

　　每次看到航空公司宣傳活動，不是飛機上了新的塗裝，機艙內換了新色的大椅子和娛樂設備，或者是空服員們換了新的制服，換個季請時尚設計師換個新衣，聽起來不錯，但飛行員制服呢？萬年不變的白襯衫黑西裝褲，黑領帶加上黑皮鞋，這套衣服穿上去似乎真的有那麼陣風。

　　這套制式民航飛行員制服算起來應該是從 1930 年代起泛美航空（Pan American Airways）帶出來的，在電影《神鬼交鋒》（Catch Me if You Can）裡李奧納多（Leonardo DiCaprio）飾演的法蘭克（Frank William）就是靠著這身飛行制服，坐在機艙裡的後排座位（Jump seat）飛了 250 多次，26 個國家，可見得這套服裝的重要（唬爛）性。

　　飛行制服可以說是從海軍軍官的制服開始延伸，依照職級和身分有不同的徽章（Insignia），機長的徽章源自於鑑長，四條肩章（Epaulet）加上外套上的手腕四條金色或銀色的直線，接下來是巡航機長（Cruise Captain）的三條半，副駕駛（First Officer）的三條，訓練飛行員時的兩條，最後是學員單飛前的一條。肩膀

上的每一條槓都是三到五年的時光依照飛行經驗參加並通過各種考核爭取來的，各個得來不易，可以說是血淚的印記，和多少離家時光的累積。

　　此時應該要聲淚俱下，把飛行員說得太偉大，但無論上班進駕駛艙或下班休息，這份工作都要做自我管理，對於制服，其實只要公司提供舒適的布料，免費的洗衣燙衣服務，衣服不要每年都大一號，就很開心了。

The
Pilot
I
Know

Part 02

我所知道的飛行員

起飛前　按班表生活的人
Life on Earth　Lifestyle by Schedule

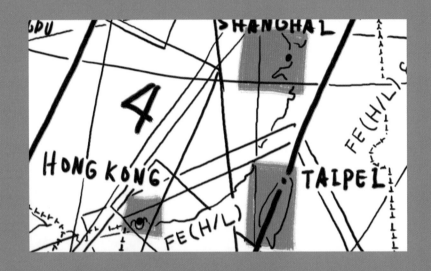

1.1

星期日早上 4 點，被鬧鐘挖起來，睡眼惺忪地換上制服，摸摸護照證件在身上，鑰匙一轉就往桃園開去，一般在起飛前約 1 到 2 小時會在公司報到，早班機的話也就是 6 點不到就要準備簡報。先是飛行員針對簽派員的飛行計畫以及航路天氣等做討論規劃，確認預計飛行狀況後再與空服員們做綜合報告，之後才是機場內看到拖著行李箱的帥氣飛行組員們。

這是飛行員一天的開始，或者是來回的短班，或者是跨太平洋的過夜長途飛行，依照分派機隊屬性不同，飛行員的作息南轅北轍。短班機隊例如 Airbus A321、

Boeing 737、ATR，其實和正常上班族一樣早出晚歸，偶爾加班（delay），偶爾出差（難得過夜班），差別在辦公室在三萬英呎天空，除了辦公桌小了點，氣壓比較薄，壓力機歪大，工作環境也沒太差。桃園機場飛機流量多，上班塞機下班塞車考驗耐性，飛五休一的生活是每天都可以回家，抱著親愛的小棉被入眠。

長班機隊如 Boeing 777、Airbus 340，站外飯店每個月總要睡幾晚，一次任務就是四、五天。跨洋跨洲的飛行時間很長，往往深夜月亮高掛的時候，高空中的辦公室裡依舊燈火通明，自動駕駛很可靠，但也只是輔助，每每挑燈夜戰，抵抗的是源源不絕的睡意，公司此時很貼心地在茶水間準備好無限量咖啡，供飛行員和空服員定時補充咖啡因。對抗時差和反常作息的疲勞是長程機隊的缺點，飛時長也比較容易累積休假。長短機隊各有優缺，其實進到公司之後先被派遣到哪裡也不是有選擇的，飛行生涯裡機隊的輪調可能 3 到 5 年一次，光鮮亮麗照片背後，知我者莫過班表。

光鮮亮麗
照片背後

知
我
者
莫
過

班
表

起飛前
Life on Earth

飛行箱裡是什麼
What's in the Suitcase

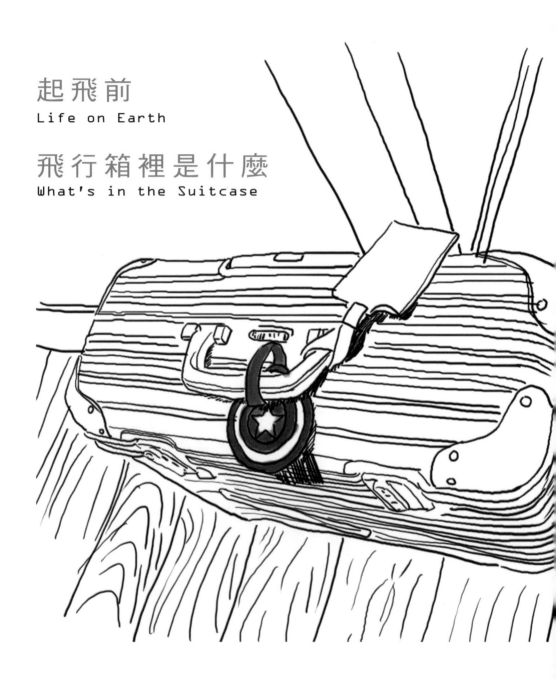

1.2

　　從小我們對四方的容器有意外的好奇，媽媽的衣櫃，爸爸的抽屜，家裡的冰箱，同學的便當。

　　飛行線上訓練的第一天除了領制服外，就是發一個飛行箱。一個耐撞、三層伸縮提把、兩道 TSA 鎖搭配兩寸胎，雙腳驅動的登機箱在機場內可是耍帥的必要配件。移動時手把與地面呈完美的 60 度角，搭配 70 度蒸汽燙得筆挺的制服，雖不算時尚，也算蓋高尚。

以下為開箱文：

　　第一件放進去的是證件，除了護照外，飛行員必須帶兩張證件，一個是年紀越大越多紅字的體檢證（medical license），和機型檢定後民航局核發的紙本駕照，我們稱 type rating license。薄薄的兩張紙，工作沒帶可是要罰款六萬。接著是飛行用手電筒，預防緊急情況和有時候每趟飛行前飛機外部檢查時可以使用，沒帶也是六萬。紙本的航圖，各式各樣依照地區，機場而設計的航空地（空）圖，上面有表示各種航道高度以及導航資訊，這 15 公分厚的工具書一趟飛行可要帶上兩本，但近年機艙輕量化，更新簡單化（這些資料每 28 天會更新一次），紙本電子化是新世代機種的趨勢，現在有專屬軟體，用 iPad 就可以達成更多功能的查詢，既環保又健康。再來就是每趟飛行遣派人員計算的飛行計畫書和私人物品。私人物品包括長袖外套，飛機上空調溫度低和乾燥，長時間待在機艙長袖外套可以稍微保濕和保暖，另還有小物品，例如保溫杯、太陽眼鏡等等。

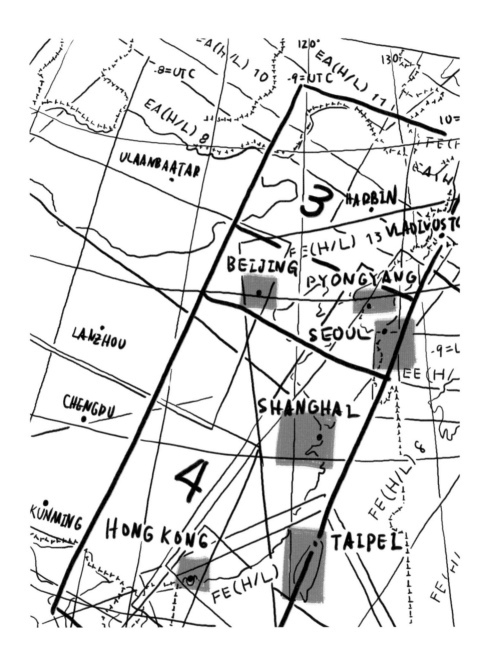

飛行絮語
Pilots' Words

Captian B.

在機場和天上久了，
對於地面的一切
都有點有點疏遠。
恣意行駛的車輛、
社會快速變遷的節奏、
對身旁的人
無法像同事一般的信任等等。
沒了家人與朋友的關懷與幫忙，
還真怕身心脫離地表了。
偏偏和他們想處的時間
也是我們最匱乏的～

Life on Earth
起飛前　　　民航局的體檢
Physical Examination of CAA

1.3

　　從來沒有什麼職業對員工如此照顧，一年一次體檢，超過 40 歲後增為每六個月一次。我說的不是一般公司報到要做的那種區醫院量量身高體重、量量視力血壓的那種全民健康檢查。

　　想當初還沒被公司錄取正式員工前，可是要到松山機場旁的航醫中心自費上萬元來個全身大清查，從腦波、視力聽力、肺活量、心電圖、X 光到超音波應有盡有，更不遑抽血抽了不下整整三管溫暖的 38 度，還好航醫中心的護理人員們各個經驗豐富，每每針針到位，術業確有專攻。進航空公司後，還應該謝謝公司定期的免費體檢安排，追蹤身體的蛛絲馬跡，但我笑不出來，因為這也是考試的一部分。

這張體檢證對飛行員來說不止重要，是每次飛行的必要。哪次有些數據有異，不發體檢證等同停飛，接下來的追蹤複檢更是會讓人頭痛，等於是放到列管名單，豈不更是放大檢驗。所以體檢月的各位都特別安分守己，碰到海鮮啦、紅肉啦、聚餐啦都敬而遠離，燕麥蔬菜水果開始變得親切。總之，班表中出現體檢二字必須以如臨大敵戰戰兢兢的心態來應對。

飛行員在駕駛艙是承受百人的生命責任，一般航線派遣最少都有兩名飛行員在位子上，一旦其中一位身體不適可能就會衍生後來的醫療緊急情況，轉降或班機延誤都會增加飛行壓力，加上飛行中決策系統少了一人會使任務風險提高。所以說，對自己身體負責不但是一種自我要求也是對同樣在身後的幾百個家庭的一種安全承諾。培養運動習慣與適當飲食也是把飛行員當終身職業的人必須融入生活的一環。

起飛前　　今天我待命
Life on Earth　　　　　　Stand by ————

1.4

　　飛行員和空服員班表上都有一個項目，叫做「待命」。意思是為了讓每趟飛行順利不延誤，安排編制額定外的人員做準備，空服員有些待命要來到公司報到，隨時聽到廣播隨時準備上機。飛行員限制沒那麼多，在家裡或其他地方只要在公司通知報到上班後 2 小時內能到公司報到即可，比較沒有地區管制。但就算如此，就像是被軟禁一樣，有點到哪去都不自在，並且對手機鈴聲有強迫症，隨時感覺要離開。這或許比較難理解，上班族放假等一通 business call，或是國外 Email，一旦發生，帶著電腦找個可以坐下的地方，1、2 個小時就可以解決，但平平是吃頭路，電話響今天抓飛紐約，回去衣服換換上班再回到家就是基本五天，雖然在客機發生機會不多，但總是墨菲定律，就算飯吃到一半也要放下筷子。

On Call

飛行員

和

空服員

班表上

都有

一個項目

叫做

待命

Stand
By

　　試想這只是一個待命班表的心理變化，三個連續待命呢？「5月有一個演唱會，要不要先買票？」「啊，等班表近了再說。」「我們暑假出去玩吧！」「啊，等我申請的假下來，看看班機額滿狀況再說。」只能說，依照班表工作的人生活必需維持彈性，而待命就像是變化球，誰說日子沒有變化。飛行員的家庭充滿各式各樣的安排計畫，改變計畫，以致後來的「到時候再說」。通常每月月底20～25號排班部門會公布下個月的上班時間，然後大家開始對照地點是哪，同班飛機有誰比較熟，之後再把朋友、家人、特別活動一一放上休假的日子，一個月就這樣過了，這就是組員生活，接著，下個月的班表。

飛行絮語
Pilots' Words

Captian A.

飛行是個夢想，
是許多人的夢想！
飛行是種興趣，
你我皆想的興趣！
飛行是份享受，
一份著了魔的享受！
但若嘗過個中的甘苦辛酸
還能記得實現夢想時的快樂，
依然享受著這份興趣，
這應該就是
對飛行的熱誠了吧！

飛機上　　熬夜
Up in the Air　　Stay up

2.1

　　台北往東飛和美國西岸差 15
個小時，東岸 12 個小時，往西飛
和倫敦夏天差 7 個小時，巴黎差 6
小時。雖然不是賽亞人孫悟空那樣
瞬間移動，但也時速 900 多公里在
天空中飛行，每衝過換日線一次，
日子就要＋ 1 ／－ 1，以跨年夜往
紐約的飛行來說，其實會跨到三個
年，台灣 7 點多出發，4 個多小時
後 101 煙火開始發射，十幾個小
時後格林威治標準時間 1 ／ 1，在
空中與航管們又跨了一次，接著落
地甘迺迪機場是當地時間 31 號 10
點，蠢蠢欲動的紐約客才正杯酒高
歌。不知道孫悟空這外星人一次跳
太多時區有什麼感覺，但能肯定的
是我們都不是賽亞人，拖著行李回
到飯店，在床上盯著天花板，又一
夜沒睡。

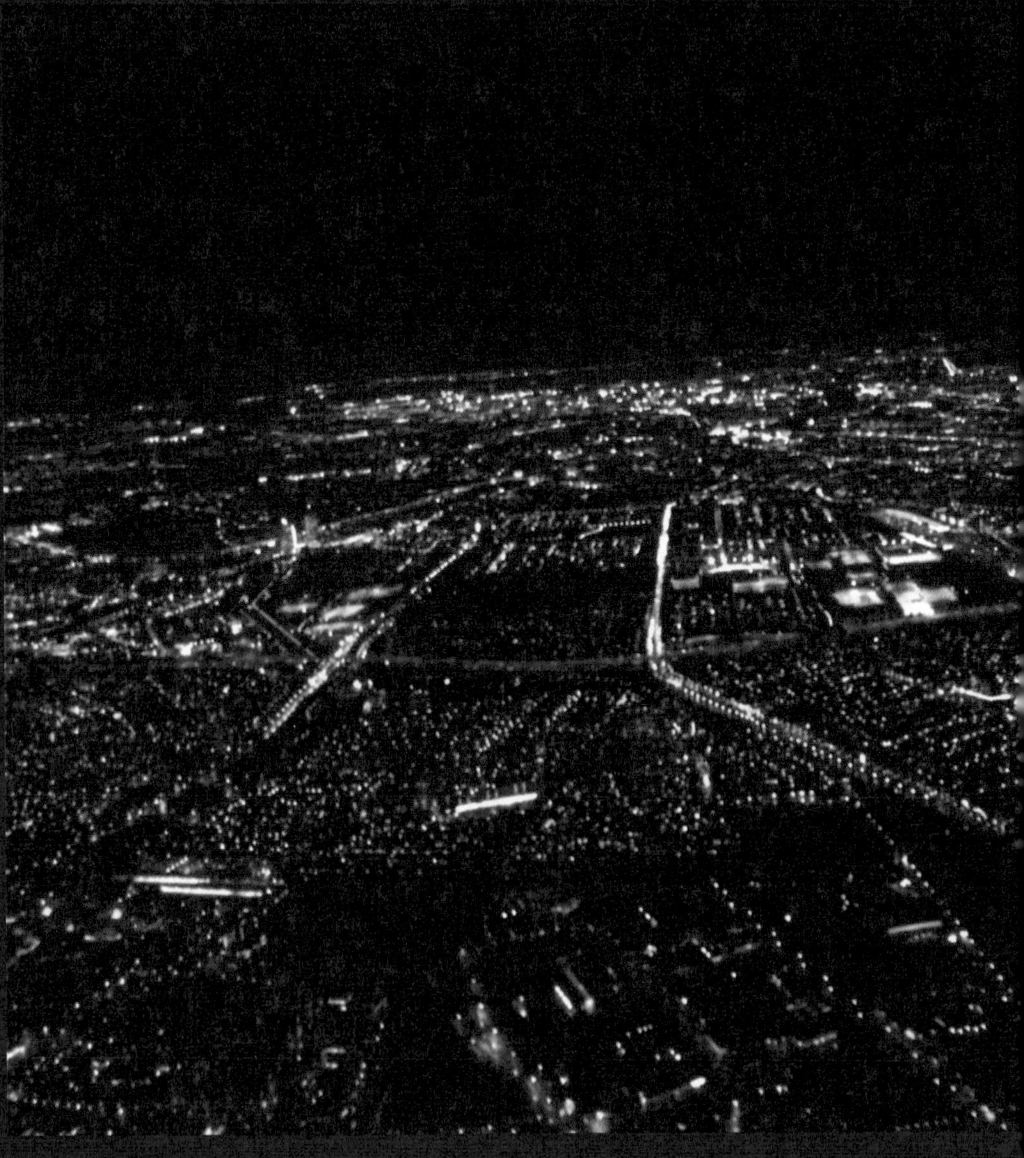

〈說文〉熬，火幹也。

　　民航法有另一規範在對於紐約這種接近 16 小時的超長程飛行，有特殊規定任務前後休息時間，以及組員調派限制。但無論如何，被幹、被熬了這麼久，不是「累爆了」三個字可以形容。「你跨年！要去哪裡？」「跨年我飛紐約。」「哇！好棒喔，時代廣場耶！」不意外，正常反應。但想想一路睡到紐約的客人都喊著腰酸背痛，服務各位的組員更是屁股生火。飛行工作的好處是世界各地走走看看，但看最多的是機場，時間相處最親的只是飯店枕頭。

　　大家調整時差的方式不一樣，撐著眼皮晒太陽的，運動的，白天睡覺晚上夜貓以台灣時間作息的，每個人維持狀態的方法不同，但唯一相同的，床邊 wake up call 響起時，又是要換制服上班的時候。

飛機上　　吃吃喝喝
Up in the Air　　Dining

2.2

對於工作時間長，工作時間不穩定的現代打工仔來說，吃飯皇帝大，薪水雖然沒有多少，但澳洲12級和牛還是要點的，餐前還要有香檳，不是氣泡酒。這是一種超越荷包厚度的幸福感，更何況現在都用薄薄的信用卡，刷下去只是數字而已。「能吃能睡就是福」已經是過去，吃巧睡好才是流行。但回到駕駛艙的工作環境，可不是餐廳裡頭隨便點菜隨便有，好在公司對飛機餐還是提供不少的選擇。

印度餐、生菜餐、魚餐、無牛餐、低脂餐等等，可以上班的幾天前上網更改，這些特別餐就會跟著你飛到世界各地，吃飯是個生理需求，也是心靈糧食。通常「機長今天有訂什麼特別餐？」是空服員上飛機第一件問的事，果然賢慧，先照顧男人的胃果然是真的。但並不是，他們是要先把餐點做分類，避免特別餐被送到客人桌上，大多數時候，吃到飯是起飛2小時之後的事。廣體客機上三百個客人吃頓飯可說是槍

林彈雨，熱餐，上桌，先喝可樂再喝咖啡，等酒足飯飽後還要再腦袋動動買買免稅品，飛時短的班次更是讓空服員們人仰馬翻。3 點吃午餐，10 點吃晚餐是平凡的上班節奏。所以說在飛行箱裡準備戰鬥口糧是非常正常的事，「等等，你們都吃頭等艙！」非也非也，第一，頭等艙不能吃，第二，論艙等越往前面越嬌貴，駕駛艙門前的超級鑽石卡們吃些仙漿玉露也是非常正常的，難道帶的便利商店特級 40 秒微波食品能輕易和你說嗎。

廣體
客機上
三百個
客人
吃頓飯
可說是
槍林彈雨

飛行絮語
Pilots' Words

Captian I.

我自己最喜歡飛的一段航路
應該是從曼谷出發到歐洲，
有的時候，
我們會從裏海中間穿過，
一過了裏海
就是高加索山脈，
當陽光灑地上
和山上的雪互相輝映時，
是我見過最美的景色。

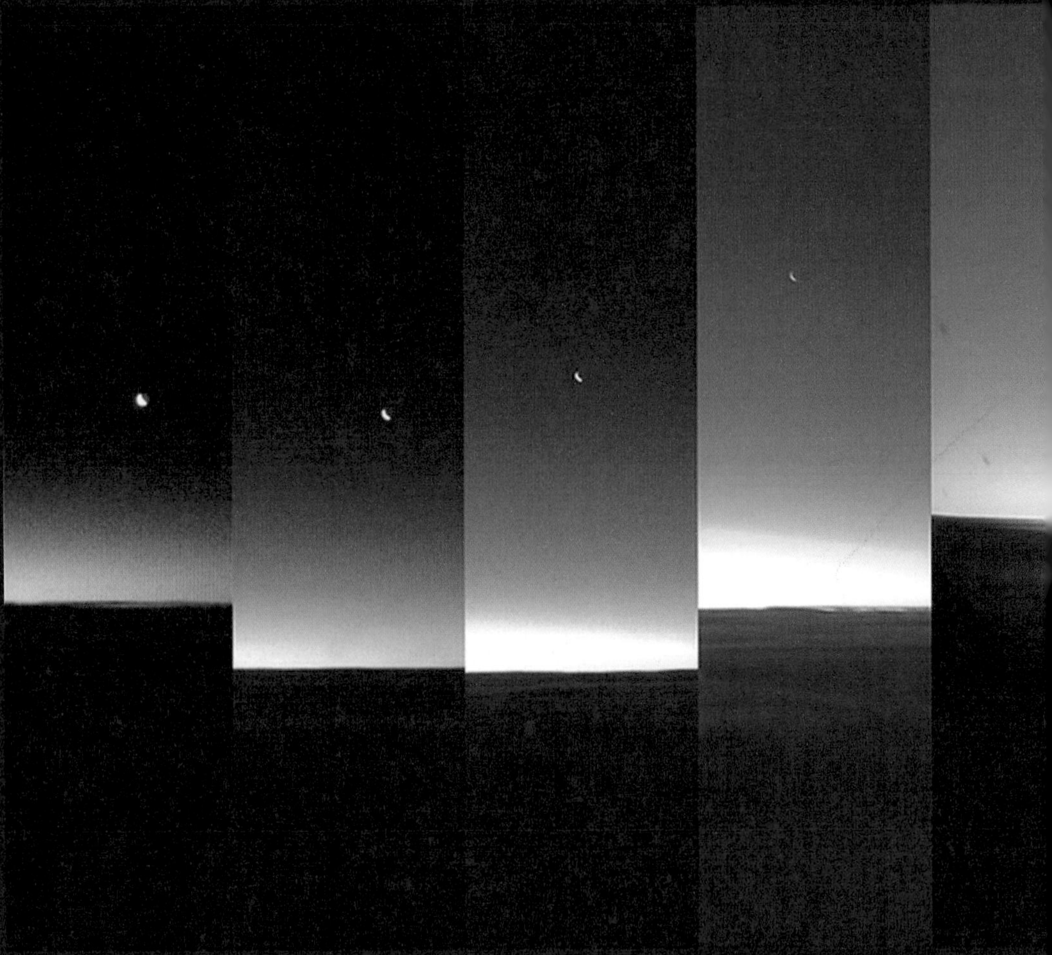

飛機上
Up in the Air

也要上班也要睡
Sleep / Work

2·3

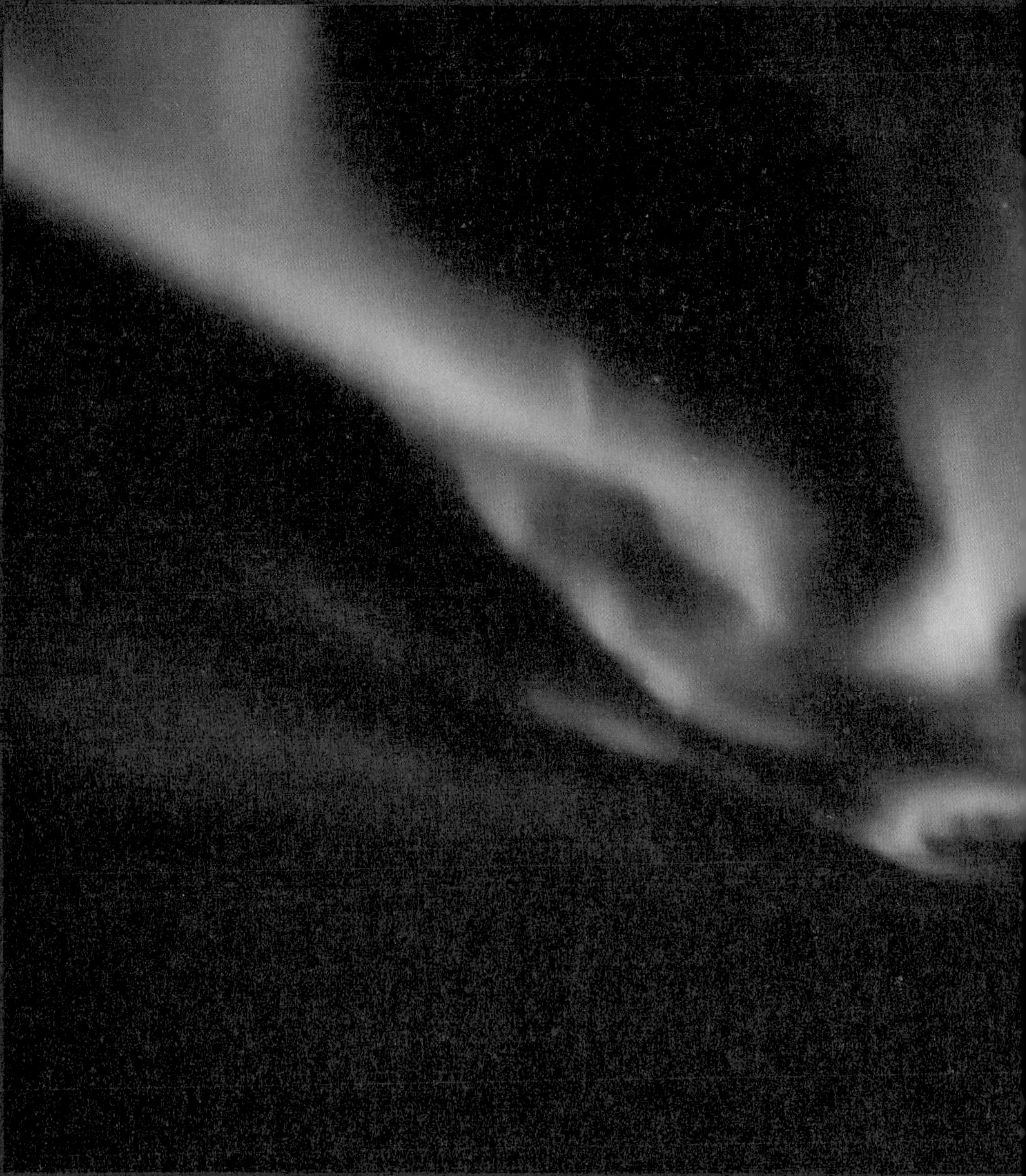

　　越洋或跨大陸航線的長程
飛行，依照飛時規定公司都會有
三至四個飛行員一起執行，雖然
駕駛座位只有前面兩個，但駕駛
艙後面靠門還有兩個觀察座位，
提供必要時的動眼和動口，這兩
張擁有頭等艙視野和經濟艙大小
的座位，在起飛降落時會全員到
齊，除此之外，駕駛艙上只會保
持法定的兩位駕駛，巡航時間用
來輪休。依照飛行時間和任務性
質不同，休息時間不等。以飛行
美國線假設 12 個小時的飛行，
基本三人派遣每人在駕駛艙時間
約 8 個半小時，也就是有 3 個半
小時的休息時間。「機組員都在
前面睡覺嗎？」飛機裡的確有組
員休息室，不同機型位置不一
樣。飛行員的在前面，空服員的
在後面。

　　飛機裡空間斤斤計較，是以公釐為單位，休息艙（bunk）裡當然沒有沙發、雜誌架或第四台，只有一床一床像是膠囊旅館一般的小床榻，鑽進去後頂天立地。長途熬夜非常消耗能量，一個人能在辦公桌上連續 3、4 小時已經會有疲態了。輪休就像是當兵站夜哨一樣，一個上哨一個下哨，飛美國晚上 11 點起飛，撐到凌晨 3 點休息，通常是門簾一拉，被單一舖再把枕頭一擺，瞬間就穿梭時空找周公去了。巡航時間是非常漫長的，自動駕駛一接上，需要做的事情頓時少了很多，起飛階段被腎上腺素激活的飛行員，平飛像是有一千匹馬力的車子卻要怠速十幾個小時。也正如此，長班機隊的人入睡能力都要很好，才可以在不同時區、不同飯店，找到休息的方式，駕駛艙的工作環境沒有想像中舒服，密閉空間，大口吸著循環空調，長期在艙壓和熬夜下，疲勞是很容易累積的。在此才發現，原來休息也是需要學習。

原來

休息

也是需要

學習

飛機上
Up in the Air

自動駕駛術
Autopilot

「飛機都有自動駕駛了，那你們做什麼？」

　　最近汽車工業也推出不少有自動停車配置的新車，甚至揚言近年要推全自動駕駛的房車。自動駕駛之後，我們做些什麼？自動模式不是那種啟動後可以椅子往後一倒腳往上一翹，左手拿平板右手拿手機的度假模式。人腦會打鐵電腦也會當機，何況車子拋錨還可以路邊停一下，飛機可不能停止前進的速度，沒有動力的飛機可是要往下掉的。那我們做什麼？自動駕駛的目的是為了減少工作負擔，他代理了飛機的基本控制，讓駕駛增加多的注意力管理其它系統。飛行員管他叫 George。不是因為飛行太無聊，要把每個駕駛艙的按鈕取一個名字，而是自動化系統最早可實際運用的發明者來自 George Debeeson 這個美國佬。

2.4

　　剛開始學飛的時候 George 當然不會幫忙，紮實訓練手飛的能力才有辦法就算他鬧脾氣，還是可以好好坐下來談。手飛是肉搏戰，忙的時候還真的要滴汗。好吧，這也就是 George 沒領薪水而我有的原因。他的好，在重新接上才知道。飛機原廠都有手冊，把他這個系統的脾氣和處置都有完整交代，飛行不喜歡驚喜，會發生的情況應該都是已知，他的頑強、固執、直來直往，一個口令一個動作的木訥個性，就像飛行員一樣（誤）。

　　飛行前，我們都要把今日的飛行計畫、航路、飛機狀態、沿路風向在程式裡設定好，大約飛機離地後 10 秒鐘就可以大叫「George 交給你了」，別誤會，飛機沒有聲控，自動駕駛的按鈕記得要按，電腦就會接管飛行的姿態和路線。下班，這時可以開始拿花生出來吃？恐怕不行，因為嘴還要跟地面的管制員聯絡接受指令，再把新指令重新輸入電腦，然後盯著電腦是否有乖乖照著輸入的條件完成動作。重複以上動作，就是我和 George 愉快的一天。

是飛手
戰搏肉
候時的忙
的真還
汗滴要

2 NOV   16 04

空会社 RLINE	便名 FLIGHT NO.	備考 REMARKS	出口 EXIT
AYSIA AIRLINE	MH9794	ON TIME	
		NEW TIME	
NA EASTERN	MU8723	NEW TIME	
AYSIA AIRLINE	MH9782	NEW TIME	
L	JL5080	CODE SHARE	
L	JL5082	CODE SHARE	
		TERMINAL 1	
		TERMINAL 1	
		NEW DATE	
A SOUTHERN	CZ4854	CODE SHARE	
		NEW TIME	
		TERMINAL 1	
SOUTHERN	CZ4852	CODE SHARE	

飛行絮語

Pilots' Words

Captian V.

從寄出履歷那天到現在，一直被問到
「為什麼要當飛行員？」
在考上公司，上了真飛機、發動引擎之前，
其實對飛行沒什麼概念，但是對於航廈、
滑行道、棚廠、登機門⋯⋯這些名詞，
卻一直有種神祕的嚮往，喜歡去機場看飛機，
就算只是一個人靜靜地坐在跑道頭，
看著各家飛機來來去去，看久了，開始有些疑問，
想知道更多關於飛機的知識，
常常好不容易找到了一個答案，
卻又多了更多疑問，就在這樣的過程中，
突然有了一個想法，
「為什麼不乾脆進到飛機裡找呢？」
想知道更多更多關於飛機的一切，
和那無來由對天空的嚮往。

機 場 裡　　　等 待

At the Airport　　Waiting

3.1

　　航空業是一個很大的齒輪系統，要讓飛機上天往目的地前進，需要各個齒輪順暢的滾動，一個小小的事件都可能讓系統停擺。一旦事情發生，最直接的影響就是班機延誤。也就是乘客到機場後最關心的地方，眼看表定時間到了，怎麼還沒登機？怎麼還沒起飛？

　　飛機的調度是像骨牌一樣的連鎖效應，一個串一個。對於航空公司來說，飛機升空，公司才有收入，當然停留在地面上的時間越短越好，開門，乘客下機，換組員，乘客上機，關門，想像總是美好。拿台北香港的航線來說，多如「公車」，各個航空公司加起來一天有四、五十架次，按照計畫落地後，地面停留時間約一個多小時，這 60 分鐘有什麼呢，要包含所有乘客離機，清潔人員上機打掃，兩三百個座位要恢復原狀，甚至再補充需要的飲料食物，我們飛行員準備新的飛行計畫，做機外檢查，場站機務為飛機加油，哪個來程座位的娛樂系統壞了勉強修修看，還不見得能當場解決，空服員當然按照他們的準備工作劈哩啪啦把所有東西歸位，迎接下一批旅客，大家的碼表都在轉，沒有慢的空間，乘

客開始上機，所有人坐定位，空服員安全檢查完成，
關機艙門，回覆給前艙，我們才和塔台要求後推，
直到此時飛機才又動起來。

　　飛機 24 小時內的派遣長短班夾雜，一大早 5
點歐美回程的飛機延誤，就會延遲 7 點早上接飛的
東南亞航線，一班連著一班，有可能當天晚上這架
飛機安排出發美國，連帶也會受到影響。航空公司
沒有「備用機」，不可能放一台飛機在地面上待

命，可能發生的是真的計算延誤時間太久，有些目的地機場有宵禁，遲了禁航，或歐洲有嚴格的降落時間限制，遲了罰大錢，可能會乾坤大挪移一下，能調動的不外乎就是先把晚點起飛的飛機往前拉，或者如果有提前進場保養的飛機，在這時先調出來飛任務。

固定航班會遇到的遲到都不是可以預測的，例如到了機邊發現某個設備壞了，無法正常運行，就要當場維修，如果維修時間長，就要等。或者機場天氣不佳無法起飛，目的地機場大風雨，沒辦法落地，就算時間到了，也是要等。這時忙的是地勤，應付客人的問題、維修機務、帶著工具跑上跑下，飛行組員同時也到機場了，只有陪客人一起。晚起飛的飛機，在天上多催點油門可以趕一些時間，喔不，在繁忙的天空不是趕時間要飛多快就飛多快，超車走小路都行不通，尤其尖峰時間，天上所有飛機都在等待進場，遲到也就是乖乖到旁邊先繞幾圈去。

客人想早點開始旅程，早點回到溫暖的窩的心情大家都知道，我們工作人員也想早點下班，眉頭擠在臉上，所以不如和也在登機口的機組員對到眼時，給他們個微笑吧。

機場裡
At the Airport

海關們
Customs

3.2

綠綠的護照是出國的重要私人文件，是飛行組員上下班必備的物品，每個人收的地方不一樣，有些人用高價小牛皮護照夾攏著，放在飛行箱的特別釦袋裡，拿出護照來像是寶劍出鞘，煞是光彩奪目。有些人用硬殼的文件夾把它和飛行執照等照順序擺好一起收在個人包裡，標準一板一眼的條理。我則愛耍小聰明，雞蛋要分開放，但又不是金蛋，方便就好。襯衫右胸口的口袋放護照，飛行箱裡放其他執照。除了方正的護照有豐胸的效果外，找起來也容易。拿護照得像是西牛仔一樣啪的一

下掏出來，啪的一下收回去，再頭也不回地走出海關，頗符合飛行員愛耍帥的個性。

　　飛行組員通過海關是不用在後頁蓋章的，所以除了護照封皮皺皺的，幾年來進出美國歐洲不下四、五十次，裡面也還白淨。入境海關們

通常是你會第一個接觸的當地人，他們代表國家邊境，權利可不小。其實各個地方的文化也可以從與海關的互動看出來，就以美國舊金山和洛杉磯的分別來說，洛杉磯一天光台北就有將近十個架次，旺季時是班班客滿，假設一架飛機有兩百位華人

旅客，一天就有一千多人進出，海關護照文件看到
手軟，美國又是安檢最嚴的地方，按指紋照相樣樣
都要來，自然也會比較沒耐性。記得第一次入境美
國因為學生簽證沒放在隨身行李，而放在託運行李，
直接被被帶到小房間，和一些中東人、印度人、韓
國人等等坐在一起等，這就是我對美國的第一印象。
但同樣是美國西岸大城，舊金山好像熱情多了，幾
位海關老先生先熱情地用中文「你好」寒暄，"how's
your flight?" 見面都會瞎聊幾句，尤其是最近舊金
山棒球巨人隊冠軍，籃球勇士冠軍，他們有一堆運
動經可以和你聊，還沒進到城市裡就可以感受城市
的多元氛圍。歐洲人比較不說話，有些地方甚至不
看護照，識別證掃一眼就可以放行，冷冷的，和他
們大多時候的天氣一樣。說來美國樹大招風，也只
能用比較嚴格的檢查規格。出國次數多了，都會有
一種「似曾相識」（déjà vu）的感覺，幾個禮拜前來，
這次又是他，不知道他還認得我嗎？大家都是穿梭
在機場的一群人。

出國次數
多了
都會
有一種
似曾相識
的
感覺

飛行絮語
Pilots' Words

Captian J.

相對於大部分的人來說，
飛行對我是我生活的一部分。
我從小因為父母的關係
讓我一直接觸到各式各樣的飛機，
也因為如此
讓小時候的我有了想開飛機的目標。
想開飛機這個目標
是我這輩子生活的重心，
讓我有動力讀書，
運動去飛行，
也讓我有機會遇到在日本的另一半。
想飛這個感覺
我相信這一輩子都會維持下去。

休假中
Vacation Mode

旅行的便宜機票
Cheap Flights

4.1

「找你買機票有沒有比較便宜？」

如果統計聚會和初次見面的新朋友自我介紹，被問的第一個問題，此句絕對是前三名，通常他還沒開口，看那嘴形我就先說不了。便宜的機票在哪買？上 Expedia 或 Agoda 等比價網站或許比較適合，這就像和全聯先生問買全聯衛生紙有沒有優惠一樣，不同工作領域有不同的分際。公司不是我開的，機票很貴飛行員真的沒辦法幫忙算便宜點，聽起來很遜，但實際上連幫忙升等都不行，如果有，只有兩種情況，一個是他想追妳，說有折價機票兩張要不要一起旅行，這情況算正常，如果他還說有免費票，那這回他真的是煞到你。沒有婚姻或血緣關係，機票都是從口袋裡實實在在掏的。那新聞報導中的航空業福利哪去了？

員工使用優待票或免費票是有限制的，限制一是要直系親人，也就是全家出遊爸媽可以折，但兄弟姊妹一起就是要全額自費，或是找被煞到的那位。限制二是要有空位，依照遠近航線不同，check-in 櫃檯關櫃的時間有分別，國際線有 40 到 1 小時前，

要在
熱門時段
拿到
優惠票
可以說是
天方夜譚

國內短程可 30 分鐘前，在關櫃前沒有賣完的機位才會輪到拿員工票的人。那怎麼辦，假都請了飯店都訂了，如果還是滿座，只好拉行李回家。這就是同事間說的乞丐票，看著別人進機場 shopping，休息室喝咖啡，拿公司票的人要等到最後空位。

　　折扣票從 50%、75%、90% off 都有，折數越多登機的優先權越小，但無張數限制。另一種免費票是去除公司費用，繳交各項稅費即可的票種，可以用千元價格飛台北紐約。但一年只能用一次。不同航空公司員工們彼此也可以互相使用票價優惠，稱之為「ZED 票」，依照哩程長短計算價格，優先順序排在他們正職員工之後。總之機師會開飛機但也會沒有機票，要在熱門時段拿到優惠票可以說是天方夜譚，但看著價差，也只好冬天巴黎，夏天去北海道了。

休假中
Vacation Mode

航站情緣
The Terminal

4.2

這篇其實該是兩性專欄,該請兩性專家針對辦公室戀情的話題展開激烈攻防,但在感情問題上其實沒有人可以是專家,應該說我們都是從經驗上得到成長,只是通常大家對飛行員和空服員的組合特別感到興趣,甚至誤解。「你們公司美女那麼多,這麼好,你一定女朋友一直換喔!」這樣的玩笑其實有許多假設,也有很多對

長班後
大家也
身體疲倦
　都是
回飯店
抱枕頭
　居多

於工作型態上的認知偏差。第一個除非是長途過夜班的組員們，否則不會下飛機。也就是「我明天要飛日本」代表明天我是去日本機場中停 1 小時而已。接著就算過夜班，其實因為長班後大家也身體疲倦，都是回飯店抱枕頭居多，再者前後艙待的飯店不一定一樣，偶爾遇到熟識的同事才有可能會相約外面吃飯。上班要認識新同事？依照公司規則，除非必要不得離開駕駛艙，上飛機前的匆匆一瞥，下飛機後各自拎著行李解散，通常除了公事對話很難超過一句，後艙有誰除非看名單不然不會有印象。而且公司上千名同事，每趟飛行十來個組員一直在換新面孔，名字都記不牢了更何況後續。

　　因為工作型態的不穩定，大家期待的家庭生活其實是相對靜態，除非特別情況，兩個人都想在天空相會，那麼每個月班表更代表見面次數，想要一般人的家庭生活，兩位空中飛人很難做到。話說回來，當其中一方（多半是女方）為了家庭折衷，長時間下來其實是對飛行初衷相抵觸，無論如何，都不容易。終究感情的課題很大，每個人碰到的科目不同，聽故事？還是請兩性專家來吧。

世界買透透
Shopping

幫我買
Help! I want this!

5

「美國藍芽耳機便宜，幫我買！」

「日本那咖啡機便宜，幫我帶一個回來！」

　　現在資訊發達，台灣的高關稅讓進口的電器或電子產品價格都胖了好幾倍，國外官方網站上的價格在台灣是看得到吃不到。飛行行業和旅遊業密不可分，其實外站休息的時間 24 或 48 小時除了自己調整疲勞的休息睡眠外，沒有真正的「順便」，可以說收到的每一個「幫我買」都是「專程」，先不論這物品的大小或重量，收納大件行李箱可以說是真的考驗能力，擠呀擠的自己衣物壓成一團，只差行李的牙膏沒有擠出來。辛苦帶回國後，突然又會發現朋友的過人數學能力，對匯率換算精細，退稅

的程序比我們每個月來回歐美還清楚，匯差掌握更是有盯盤十年以上的功力，幫忙的結果是又被嫌買貴。有時為了熱門商品，比如說剛上市的手機，那可以說刺激了，天還沒亮就去排隊，手機要的容量型號有時候排不到，想想既然來了不同顏色容量應該一樣也是任務達成，沒想到……。

所以這麼說，「可以順便幫我……」這個開頭的對話我都是敬之三分，除非避之不及或是私交甚篤，不然還是推掉的好。這種吃力不討好，買貴被人嫌買錯還得退的窘境，對友誼的傷害不注意還是會造成。下次要拜託請人帶東西回來的時候，其實你可以再多想一下。

Living
世界住透透　機加酒
Travel Package

6

　　其實想想，飛行工作可以算是套裝行程，也是吸引許多人加入的原因。免費來回機票加上豪華大酒店兩天一夜、三天兩夜，有時淡季四天三夜，另附飯店早餐，機場接送，其實也沒太差。是的，機加酒美西自由行，住三星飯店，出國當賺錢，可謂遊戲人間？雖然每次任務都存在壓力，把每次上班的工作環境氣氛塑造輕鬆，都當作一趟快樂的旅行，就算是來回班沒下飛機，也可以說到機場一遊，飛行應該是讓人聽到就快樂的事情。

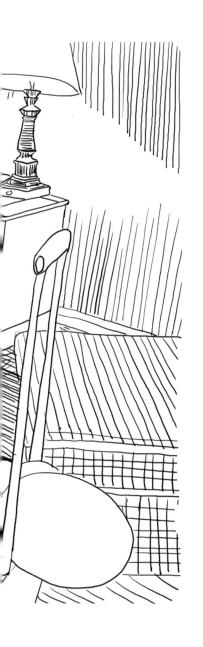

其實可以把航空業的人分成兩塊，一個是從小熱愛飛機，總是第一個發現天上的飛機，老遠就叫出飛機款式，甚至航空公司不同塗裝、班機編號，聽到噴射機的聲音眼睛閃閃有光。

另一種則是喜歡這樣的工作和生活模式，不喜歡坐在辦公室，朝九晚五每天通勤塞車，明天與數字為伍，做一個又一個的簡報，開一個接一個的會，過著週一期待週五的生活。飛行員在外人看來時間彈性（不穩定），上班有挑戰性（高壓力），到處旅遊好愜意（對抗時差耗體力），總是有一好沒二好，沒有整碗端走的

181

頭路。無論是為了哪一種目的坐到駕駛座，大家肩負著肩膀上的翅膀，這份工作沒有試用期，上班的狀態都是要準備好的，心情可以輕鬆，警戒可不能懈怠……有點太嚴肅了，其實在國外下班後組員巴士帶去的大多是 Hilton、Marriott、Novotel 這種三星連鎖飯店，對公司來說，畢竟每天都有一、二十間房間的需求，有個方便又安全的空間，差不多就好。

理論上每隔一段時間，評估新的組員飯店，都有幾組人先行試住，提供心得回報公司，但報告嘛，也是看看就好。無論在哪裡，下班後大家都去抱棉被了，比起睡醒後能找到地方吃飯，和一個手機能夠連上的網路，這張床是不是席夢思，也沒這麼重要了。

世界跑透透　下班後的輕旅行
Traveling　　　　Light Travel

7

飛越南中國、印度、巴基斯坦，像千年前的遠東商隊經絲路從伊斯坦堡進入歐洲，三萬呎的高空，13小時的旅程，當艙門再打開，已經在巴黎的戴高樂機場（Charles de Gaulle）。比台北少10度的乾冷空氣一頭撲上，原來下班後沉沉的腦袋，現在整個人都醒了，不太說英文的司機幫大夥把行李搬上交通車，歪著身子把椅背用斜一點，現在早上6點半，和台灣剛好日夜顛倒，台北人剛下班，而我也是。

California

　　組員沒有經過海關，只是在檢查哨裡有警察上來巡一下車上人員，車子直接拉到飯店，巴黎很奇怪，通常都是六日不塞車，大家都躲在家裡，平常日要開 50 分鐘的車，今天開半小時就到了。行李一丟，沖個澡，換個小包，趕著要從三號線開始轉車，從里昂車站（Gare de Lyon）轉高速鐵路（TGV）往南法走。這次在法國有 72 小時的時間，從下飛機後開始倒數。有些人會說，巴黎！為什麼還要往外跑，在那待一個月我都願意！或許是，但如果你今年來第四次巴黎之後，南部的陽光小鎮，比起都市的精品百貨更具吸引力。

Amsterdam

　　從巴黎到亞維儂（Avignon）3 小時的車程，來回
200 多歐元，沒辦法，五天前出的班表，兩天前才
訂的行程，只有原價票可以買。多坐了趟巴士到市
區，30 歐一晚的小民宿會是接下來兩晚的家，攤
在單人床上，已經下午 5 點，窗外太陽還大，瞇一
下好了，話說有超過 36 小時沒睡了吧。

Yosemite

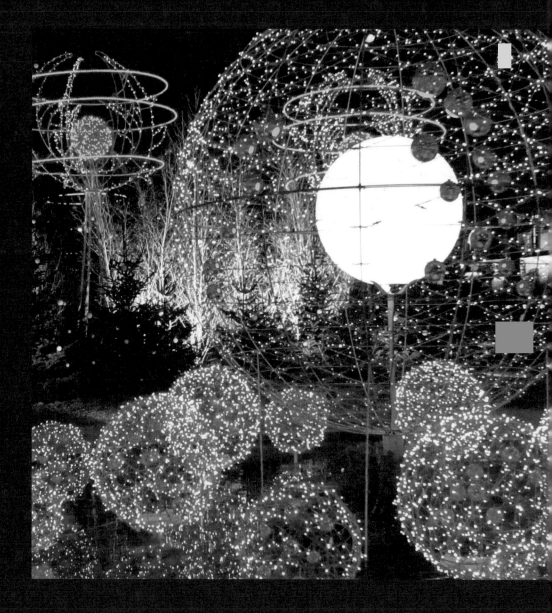

　　飛機把一個人從 A 點帶到 B 點，就像渡河的船夫，我們的槳比較大一點，航行比較快一點。旅包括行，總有一段路是比需自己靠雙腳才能到的。其實我喜歡在異國慢跑，是可以一個人、沒有時間限制的探索方法，跑進小巷，鑽到一條大街上，當然，還是要記得大概回旅館的方向。在空中待久了，踩踏的感覺是土地的另一種連結，大口呼吸配著黏黏的皮膚才真實的覺得，喔，我在這。今天我就是為了看普羅旺斯（Provence）的早晨而來，沒有特定目標，小鎮上坐在門口啃麵包，做晚上的白日夢，待會走到哪看到哪吧。

　　四天後的早上，躺在台北床上盯著天花板，時空總是有點不協調，想想另一個 48 小時後要去舊金山的班，約朋友出來吃飯好了。

高空三萬呎：我的型男飛行日誌

作　　　者	Samuele Chen	
發　行　人	林敬彬	
主　　　編	楊安瑜	
副　主　編	黃谷光	
責　任　編　輯	黃谷光	
內　頁　編　排	黃谷光	
封　面　設　計	彭子馨（Lammy Design）	
編　輯　協　力	陳于雯、曾國堯	
出　　　版	大旗出版社	
發　　　行	大都會文化事業有限公司	

11051 台北市信義區基隆路一段 432 號 4 樓之 9
讀者服務專線：（02）27235216
讀者服務傳真：（02）27235220
電子郵件信箱：metro@ms21.hinet.net
網　　　址：www.metrobook.com.tw

郵　政　劃　撥	14050529　大都會文化事業有限公司
出　版　日　期	2017 年 03 月初版一刷
定　　　價	380 元
I　S　B　N	978-986-93450-8-8
書　　　號	Forth-016

First published in Taiwan in 2017 by Banner Publishing,
a division of Metropolitan Culture Enterprise Co., Ltd.
Copyright © 2017 by Banner Publishing.

4F-9, Double Hero Bldg., 432, Keelung Rd., Sec. 1, Taipei 11051, Taiwan
Tel: +886-2-2723-5216　Fax: +886-2-2723-5220
Web-site: www.metrobook.com.tw
E-mail: metro@ms21.hinet.net

國家圖書館出版品預行編目（CIP）資料

高空三萬呎：我的型男飛行日誌 /
Samuele Chen 著. -- 初版. -- 臺北市：大
旗出版：大都會文化發行, 2017.03
208 面；23×17 公分

ISBN　978-986-93450-8-8（平裝）

1. 飛行員 2. 飛機駕駛

447.8　　　　　　　　　　105019744

大都會文化　讀者服務卡

書名：高空三萬呎：我的型男飛行日誌

謝謝您選擇了這本書！期待您的支持與建議，讓我們能有更多聯繫與互動的機會。

A. 您在何時購得本書：_____ 年 _____ 月 _____ 日

B. 您在何處購得本書：_____ 書店，位於 _____（市、縣）

C. 您從哪裡得知本書的消息：

　　1. □書店　2. □報章雜誌　3. □電台活動　4. □網路資訊

　　5. □書籤宣傳品等　6. □親友介紹　7. □書評　8. □其他

D. 您購買本書的動機：（可複選）

　　1. □對主題或內容感興趣　2. □工作需要　3. □生活需要

　　4. □自我進修　5. □內容為流行熱門話題　6. □其他

E. 您最喜歡本書的：（可複選）

　　1. □內容題材　2. □字體大小　3. □翻譯文筆　4. □封面　5. □編排方式　6. □其他

F. 您認為本書的封面：1. □非常出色　2. □普通　3. □毫不起眼　4. □其他

G. 您認為本書的編排：1. □非常出色　2. □普通　3. □毫不起眼　4. □其他

H. 您通常以哪些方式購書：（可複選）

　　1. □逛書店　2. □書展　3. □劃撥郵購　4. □團體訂購　5. □網路購書　6. □其他

I. 您希望我們出版哪類書籍：（可複選）

　　1. □旅遊　2. □流行文化　3. □生活休閒　4. □美容保養　5. □散文小品

　　6. □科學新知　7. □藝術音樂　8. □致富理財　9. □工商企管　10. □科幻推理

　　11. □史地類　12. □勵志傳記　13. □電影小說　14. □語言學習（_____ 語）

　　15. □幽默諧趣　16. □其他

J. 您對本書（系）的建議：

_____

K. 您對本出版社的建議：

_____

讀者小檔案

姓名：_____ 性別：□男 □女 生日：____ 年 ____ 月 ____ 日

年齡：□ 20 歲以下 □ 21～30 歲 □ 31～40 歲 □ 41～50 歲 □ 51 歲以上

職業：1. □學生 2. □軍公教 3. □大眾傳播 4. □服務業 5. □金融業 6. □製造業

　　　7. □資訊業 8. □自由業 9. □家管 10. □退休 11. □其他

學歷：□國小或以下 □國中 □高中／高職 □大學／大專 □研究所以上

通訊地址：_____

電話：（H）_____ （O）_____ 傳真：_____

行動電話：_____ E-Mail：_____

◎ 謝謝您購買本書，歡迎您上大都會文化網站（www.metrobook.com.tw）登錄會員，或
　 至 Facebook（www.facebook.com/metrobook2）為我們按個讚，您將不定期收到最新
　 的圖書訊息與電子報。

The Pilot
I Know:
The Man
in Uniform

高空
三萬呎
我的型男飛行日誌

北 區 郵 政 管 理 局
登記證北台字第 9125 號
免 貼 郵 票

大 都 會 文 化 事 業 有 限 公 司
讀 者 服 務 部 收

11051 台北市基隆路一段 432 號 4 樓之 9

寄回這張服務卡〔免貼郵票〕
您可以：
◎不定期收到最新出版訊息
◎參加各項回饋優惠活動

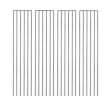